Abdellahi Ely

Synthèse et propriétés de biosorbants

Abdellahi Ely

Synthèse et propriétés de biosorbants

Billes à base d'argiles encapsulées dans des alginates : application au traitement des eaux

Presses Académiques Francophones

Impressum / Mentions légales
Bibliografische Information der Deutschen Nationalbibliothek: Die Deutsche Nationalbibliothek verzeichnet diese Publikation in der Deutschen Nationalbibliografie; detaillierte bibliografische Daten sind im Internet über http://dnb.d-nb.de abrufbar.
Alle in diesem Buch genannten Marken und Produktnamen unterliegen warenzeichen-, marken- oder patentrechtlichem Schutz bzw. sind Warenzeichen oder eingetragene Warenzeichen der jeweiligen Inhaber. Die Wiedergabe von Marken, Produktnamen, Gebrauchsnamen, Handelsnamen, Warenbezeichnungen u.s.w. in diesem Werk berechtigt auch ohne besondere Kennzeichnung nicht zu der Annahme, dass solche Namen im Sinne der Warenzeichen- und Markenschutzgesetzgebung als frei zu betrachten wären und daher von jedermann benutzt werden dürften.

Information bibliographique publiée par la Deutsche Nationalbibliothek: La Deutsche Nationalbibliothek inscrit cette publication à la Deutsche Nationalbibliografie; des données bibliographiques détaillées sont disponibles sur internet à l'adresse http://dnb.d-nb.de.
Toutes marques et noms de produits mentionnés dans ce livre demeurent sous la protection des marques, des marques déposées et des brevets, et sont des marques ou des marques déposées de leurs détenteurs respectifs. L'utilisation des marques, noms de produits, noms communs, noms commerciaux, descriptions de produits, etc, même sans qu'ils soient mentionnés de façon particulière dans ce livre ne signifie en aucune façon que ces noms peuvent être utilisés sans restriction à l'égard de la législation pour la protection des marques et des marques déposées et pourraient donc être utilisés par quiconque.

Coverbild / Photo de couverture: www.ingimage.com

Verlag / Editeur:
Presses Académiques Francophones
ist ein Imprint der / est une marque déposée de
OmniScriptum GmbH & Co. KG
Heinrich-Böcking-Str. 6-8, 66121 Saarbrücken, Deutschland / Allemagne
Email: info@presses-academiques.com

Herstellung: siehe letzte Seite /
Impression: voir la dernière page
ISBN: 978-3-8416-2535-9

Copyright / Droit d'auteur © 2014 OmniScriptum GmbH & Co. KG
Alle Rechte vorbehalten. / Tous droits réservés. Saarbrücken 2014

Université de Limoges
Faculté des Sciences et Techniques

Ecole doctorale Gay Lussac

Groupement de Recherche Eau Sol Environnement

Année : 2010   N°46

THESE
Pour obtenir le grade de
Docteur de l'Université de Limoges
Discipline : Chimie et Microbiologie de l'eau

Synthèse et propriétés de biosorbants à base d'argiles encapsulées dans des alginates : application au traitement des eaux

Présentée et soutenue publiquement par
Abdellahi ELY
Le 26 octobre 2010

Directeurs de thèse : Pr Michel BAUDU, Dr Jean Philippe BASLY et Dr Mohamed Ould Sid'Ahmed Ould KANKOU

JURY

Rapporteurs :
Mme Isabel VILLAESCUSA, Professeure, Département d'Ingénierie Chimique, Ecole Polytechnique Supérieure de l'Université de Girona.
M Grégorio CRINI, Ingénieur de Recherche – HDR, UMR 6249 Chrono-Environnement, Université de Franche-Comté.

Examinateurs
M. Hervé GALLARD, Professeur, UMR 6008 Laboratoire Chimie et Microbiologie de l'Eau, Université de Poitiers.
M. Mohamed Ould Sid'Ahmed Ould KANKOU, Maître de Conférences, Faculté des Sciences et Techniques, Université de Nouakchott.
M. Jean Philippe BASLY, Maître de Conférences, EA 4330 Groupement de Recherche Eau, Sol & Environnement, Université de Limoges.
M. Michel BAUDU, Professeur, EA 4330 Groupement de Recherche Eau, Sol & Environnement, Université de Limoges.

A mes parents

A mes frères et sœurs

A mes oncles

A tous ceux qui me sont chers

Remerciements

Ce travail à été réalisé au sein du laboratoire du Groupement de Recherche Eau Sol Environnement (GRESE) de l'Université de Limoges. J'exprime ma reconnaissance au Professeur Michel BAUDU, Directeur du GRESE et mes co-directeurs de thèse, pour la confiance qu'il m'a accordée en m'accueillant dans son Laboratoire durant mes années de recherche. Je le remercie particulièrement du fond de mon cœur pour l'encadrement, les conseils, la disponibilité et la patience dont j'ai bénéficiés tout le long de mon travail.

J'adresse également mes plus sincères remerciements à Mr Jean Philippe BASLY pour avoir co-encadré ce travail. Je vous remercie pour votre gentillesse et votre soutien permanent.

C'est un plaisir de remercier Mr Mohamed Ould Sid'Ahmed Ould KANKOU pour avoir participé à l'encadrement de ce travail. Merci pour votre grande disponibilité, votre gentillesse, votre soutien permanent et pour vos encouragements sans lesquels ce travail n'aurait été réalisé.

Je tiens également à remercier Mme Isabel VILLAESCUSA, Professeure à l'Ecole Polytechnique Supérieure de l'Université de Girona, M Grégorio CRINI, Ingénieur de Recherche – HDR, UMR 6249 Chrono-Environnement de l'Université de Franche-Comté et M. Hervé GALLARD, Professeur au Laboratoire Chimie et Microbiologie de l'Eau de l'Université de Poitiers pour l'intérêt qu'ils ont accordé è ce travail en acceptant de le juger.

Je n'oublie pas de remercier tous les membres du GRESE (membre permanent, secrétaires, techniciens, étudiants et stagiaires) avec qui j'ai eu le plaisir de travailler. Un grand merci en particulier à M. Emmanuel JOUSSEIN pour son aide notamment pour l'étude d'argile. Merci à mes deux DEA Jean Blaise et Angélina LASSANCE.

Je voudrais tout autant exprimer ma reconnaissance à tous ceux qui m'ont permis de mener à bien ce travail

Je ne pourrais terminer mes remerciements sans y associer toute ma famille qui m'a toujours apporté son soutien.

Liste des publications et communications liées à cette thèse

Revues internationales :

Abdellahi Ely ; Michel Baudu ; Jean-Philippe Basly ; Mohamed Ould Sid'Ahmed Ould Kankou., Copper and nitrophenol pollutants removal by Na-montmorillonite/alginate microcapsule Journal of Hazardous Materials 171 (2009) 405–409.

Projet de publication : Identification of adsorption mechanisms of organic and inorganic compounds onto encapsulated clay in alginates Proposed in Chem. Eng. J.

Communications internationale et actes de conférences :

Abdellahi Ely ; Michel Baudu ; Jean-Philippe Basly ; Mohamed Ould Sid'Ahmed Ould Kankou., Élimination du cuivre et du nitrophénol par adsorption sur des billes mixtes alginate/argile. Premier Colloque francophone sur les matériaux, les procédés et l'environnement -Busteni (Roumanie) – [31-mai au 6 juin 2009]. (Communication orale, texte intégrale).

Abdellahi Ely ; Michel Baudu ; Jean-Philippe Basly ; Mohamed Ould Sid'Ahmed Ould Kankou., Development of encapsulated montmorillonite for the removal of nitrophenol in water solution. Université franco-allemande (25 au 29 août 2008), ENSIL, Limoges (communication par affiche, résumé étendu).

Abdellahi Ely ; Michel Baudu ; Jean-Philippe Basly ; Mohamed Ould Sid'Ahmed Ould Kankou., Matériaux composés de montmorillonite et d'alginates pour la dépollution des eaux" Section Régionale Centre-Ouest Société Chimique de France, 11 décembre 2008. (communication par affiche, résumé étendu)

Abdellahi Ely ; Michel Baudu ; Jean-Philippe Basly ; Mohamed Ould Sid'Ahmed Ould Kankou., A new material for the depollution of metal and phenol in industrial wastewater" Journée Scientifique IFR GEIST Université de Limoges, [29 janvier 2009]. (communication par affiche, résumé étendu)

Abdellahi Ely ; Michel Baudu ; Jean-Philippe Basly ; Mohamed Ould Sid'Ahmed Ould Kankou., Copper and nitrophenol pollutants removal by Na-montmorillonite/alginate microcapsules" 10th European Meeting on Environmental Chemistry [02 au 05 December - 2009]. Limoges France. (communication par affiche, résumé étendu)

Table des matières

Introduction générale 3
1 Synthèse bibliographique 7
  1.1 Généralités 7
    1.1.1 Pollution du milieu 7
    1.1.2 Procédés de dépollution 8
    1.1.3 Positionnement de l'adsorption dans le traitement des eaux 9
  1.2 Les argiles 10
    1.2.1 Généralités 10
    1.2.2 Structure cristalline des phyllosilicates 10
    1.2.3 Classification des argiles 12
      1.2.3.1 Kaolinite 13
      1.2.3.2 Illite 14
      1.2.3.3 Smectites
        14
      1.2.4.1 Argiles naturelles 14
      1.2.4.2 Argiles modifiées 16
    1.2.5 Spécificités des argiles mauritaniennes 17
  1.3 Les alginates 18
    1.3.1 Généralités 18
    1.3.2 Structure 19
      1.3.2.1 Structure générale 19
      1.3.2.2 Variabilité qualitative 20
    1.3.3 Solubilité des alginates 21
    1.3.4 Gélification 22
      1.3.4.1 Généralités 22
      1.3.4.2 La formation de gel 22
      1.3.4.3 La structure de gel 23
  1.4 Les composites à base d'alginates 24
    1.4.1 Propriétés 24
    1.4.2 Méthodes d'encapsulation et de préparation des billes 25
    1.4.3 Exemples de matériaux encapsulés 26
  1.5 Adsorption sur des billes d'alginates purs ou composites 28
    1.5.1 L'adsorption sur des alginates purs 28
    1.5.2 Adsorption sur billes composites d'alginate et d'argiles 29
    1.5.3 Adsorption sur billes composites d'alginate et de charbon actif 29
    1.5.4 Etude des paramètres d'adsorption 31
      1.5.4.1 Effet du temps du contact 31
      1.5.4.2 Effet du pH sur la capacité d'adsorption 31
  1.6 Modélisation de l'adsorption 32
    1.6.1 Les modèles cinétiques 32
      1.6.1.1 Modèle cinétique de premier ordre 32
      1.6.1.2 Modèle cinétique de pseudo second ordre 34
      1.6.1.3 Modèles de diffusion 35
        1.6.1.3.1 Diffusion externe 36
        1.6.1.3.2 Diffusion intraparticulaire 36
    1.6.2 Les modèles d'équilibre d'adsorption 37

	1.6.2.1	Modèle de Langmuir	38
	1.6.2.2	Modèle de Freundlich	38
1.7	Conclusion		39

2 Matériels et méthodes 43

2.1	Produits		43
	2.1.1	Matériaux adsorbants	43
		2.1.1.1 Argile	43
		2.1.1.1.1 La bentonite commerciale	43
		2.1.1.1.2 Argiles de Mauritanie	44
		2.1.1.2 Charbon actif	44
	2.1.2	Polluants	45
2.2	Préparation des adsorbants		46
	2.2.1	Synthèse des billes	46
		2.2.1.1 Préparation des billes d'alginates	46
		2.2.1.2 Préparation des billes de matériaux composites	47
2.3	Caractérisations des billes et des matériaux précurseurs		48
	2.3.1	Taux de gonflement des billes S (%) et Taux d'humidité TH (%)	48
	2.3.2	Diamètre et densité des billes	48
	2.3.3	Etudes par spectrométrie infrarouge	49
	2.3.4	Analyse thermique différentiel et thermogravimétrique ATD-ATG	49
	2.3.5	Etude par diffraction de rayons X (DRX)	49
		2.3.5.1 Préparation de l'échantillon	49
		2.3.5.2 Détermination des phases argileuses par la diffraction des rayons X	51
	2.3.6	Analyse chimique élémentaire	51
2.4	Solutions et dosages		51
	2.4.1	Préparation des solutions	51
	2.4.2	Spectroscopie UV-visible	52
	2.4.3	Spectrométrie d'absorption atomique	52
2.5	Etude d'adsorption		52
	2.5.1	Cinétique d'adsorption	52
	2.5.2	Isotherme d'adsorption	53
	2.5.3	Calcul des quantités adsorbées	53

3 Résultats et discussions 55

3.1	Introduction		57
3.2	Caractérisation des adsorbants		57
	3.2.1	Caractérisation des argiles	57
		3.2.1.1 Analyse chimique élémentaire	57
		3.2.1.2 Etude par diffraction des rayons X sur l'argile brute et purifiée	60
		3.2.1.2.1 Echantillons brutes (poudre)	60
		3.2.1.2.2 Echantillons purifiés (lames orientées)	61
		3.2.1.3 Mesure de la Capacité d'Echange Cationique (CEC)	64
	3.2.2	Conclusion	64
	3.2.3	Caractérisation des billes	65
		3.2.3.1 Morphologie des billes	65
		3.2.3.2 Taille, densité et comportement au séchage	70
		3.2.3.3 Stabilité thermique des matériaux préparés (ATD – ATG)	71
		3.2.3.4 Analyse infrarouge	73
	3.2.4	Conclusion	74
3.3	Etude de l'adsorption sur une argile commerciale encapsulée		74
	3.3.1	Cinétiques d'adsorption	74
		3.3.1.1 Comportement cinétique	74

- 3.3.1.1.1 Cuivre 74
- 3.3.1.1.2 4-nitrophenol 75
- 3.3.1.2 Modélisation de la cinétique 77
  - 3.3.1.2.1 Description de la cinétique générale 77
  - 3.3.1.2.2 Diffusion intraparticulaire 78
- 3.3.1.3 Influence du séchage 81
- 3.3.1.4 Influence de rapport mont-Na/AS (tableaux III. 7, 8, 10 et 11) 83
- 3.3.1.5 Influence de la taille des billes 83
- 3.3.1.6 Conclusion 86
- 3.3.2 Etudes des isothermes d'adsorption 86
  - 3.3.2.1 Résultats d'adsorption 86
    - 3.3.2.1.1 Cuivre 86
    - 3.3.2.1.2 4-nitrophenol 88
  - 3.3.2.2 Modélisation des isothermes 90
    - 3.3.2.2.1 Modèle de Langmuir 90
    - 3.3.2.2.2 Modèle de Freundlich 91
  - 3.3.2.3 Additivité des adsorbants 93
    - 3.3.2.3.1 Additivité de la capacité d'adsorption de Cu^{2+} sur les billes composite 93
    - 3.3.2.3.2 Additivité de la capacité d'adsorption de 4-NP sur les billes composites 95
  - 3.3.2.4 Conclusion 96
- 3.3.3 Adsorption compétitive du Cu^{2+} et du 4-NP 97
  - 3.3.3.1 Adsorption compétitive sur la montmorillonite 97
  - 3.3.3.2 Adsorption compétitive sur les alginates 100
  - *3.3.3.3* Adsorption compétitive sur les billes composites alginate – argiles 101
  - 3.3.3.4 Conclusion 104
- 3.3.4 Conclusions concernant l'argile commerciale encapsulée............................ 104
- 3.4 Applications de l'encapsulation à d'autres matériaux 105
  - 3.4.1 Introduction 105
  - 3.4.2 Adsorption sur un charbon actif encapsulé 105
    - 3.4.2.1 Cinétique d'adsorption 105
    - 3.4.2.2 Isothermes d'adsorption 109
      - 3.4.2.2.1 Cuivre 109
      - 3.4.2.2.2 4-nitrophénol 111
    - 3.4.2.3 Co-adsorption du cuivre et du 4-nitrophénol 114
    - 3.4.2.4 Conclusion sur le charbon actif encapsulé 116
  - 3.4.3 Argile mauritanienne 116
    - 3.4.3.1 Cinétique d'adsorption 117
    - 3.4.3.2 Capacités d'adsorption 119
      - 3.4.3.2.1 Capacités d'adsorption en solutions simples 119
      - 3.4.3.2.2 Compétition du Cu^{2+} et 4-NP 121
    - 3.4.3.3 Conclusion 123

Conclusion générale et perspectives 126

References bibliographies 132

Liste des figures

Figure I.1 : Représentation schématique d'un feuillet de phyllosilicate 2:1 (Luckham et al. 1999). 11

Figure I.2 : Présentation d'une structure d'alginate (Smidsrod et Dreget 1996). 19

Figure I.3 : Représentation schématique de la formation d'egg-box. a) site de liaison des ions Ca^{2+} dans les monomères guluroniques (G). b) formation des « egg-box » au niveau des monomères guluroniques (G) en présence des ions calcium (Ca^{2+}) (www.fao.org). 23

Figure I.4 : Modèles de structures proposées pour des réseaux de gels formés à partir d'alginate possédant des blocs d'acide guluronique de longueur différente : à gauche, taux de G élevé ; à droite, taux de M élevé. (Wong 2004). 24

Figure II.1: photos de la diapositive de la synthèse des billes par extrusion 46

Figure II.2 : organigramme montrant le protocole à suivre pour un échange sodique et un échange calcique 50

Figure III. 1. Positionnement des échantillons dans le diagramme ternaire $SiO2 - Al2O3 - MgO+CaO+K2O$. Les pôles purs montmorillonite, kaolinite et illite ont été rajoutés. 59

Figure III. 2. Diagrammes de RX sur poudres de bentonite de référence et les échantillons d'argiles bruts de Mauritanie (R3, NKC04, ZS23, et ZS26) 60

Figure III. 3 : diffractogrammes de rayons X des 4 échantillons R3 (A), NKC03 (B), ZS26 (C), ZS23 (D) et de bentonite de référence (E) en lames orientées après saturations Na, Ca puis traitement à l'éthylène glycol. (EG). 62

Figure III. 4 : photos des billes a : mont-Na/AS 2/1 humide ; b : mont-Na/AS 2/1 sèche ; c : AS humide ; d : AS sèche 65

Figure III. 5 : clichés de microscope électronique : billes humides mont-Na/AS 4/1 : a côté extérieur ; b côté intérieur. 66

Figure III. 6 : clichés de microscope électronique à différents agrandissements : billes sèches AS. 67

Figure III. 7 : clichés de microscope électronique à différents grossissements sur les billes composites montmorillonite/alginate : a et b billes sèches mont-Na/AS 1/1 ; c et d billes sèches mont-Na/AS 2/1. 68

Figure III. 8 : clichés de microscope électronique à différents agrandissements : billes sèches zs26/AS 1/1. 69

Figure III. 9 : clichés de microscope électronique à différents grandissements : billes sèches CA-AS 1/1. 69

Figure III. 10 : évolution de la densité et du diamètre des billes au cours du séchage à 20°C 71

Figure III. 11 : (a) courbes d'analyses thermiques différentielles (ATD) et (b) courbes d'analyses thermogravimétriques (ATG) de mont-Na billes sèches AS et mont-Na/AS. 72

Fig. III. 12 : Spectres IR-TF du (A) mont-Na ; (B) AS et (C) mont-Na/AS 2/1 73

Figure III. 13 : cinétique de Cu^{2+} sur (a) billes humides et mont-Na ; (b) billes sèches et mont-Na: $[Cu^{2+}] = 50$ mg.L^{-1} volume de la solution =100ml masse sèche = 0,25g et volume des billes humides = 5 ml 75

Figure III. 14 : cinétique de 4-NP sur (a) billes humides et mont-Na, (b) billes sèches et mont-Na [4-NP] = 20 mg.L^{-1} volume de la solution =100ml masse sèche = 0,25g et volume des billes humides = 5 ml 76

Figure III. 15. Application du modèle de diffusion intraparticulaire pour l'adsorption du Cu^{2+} sur (a) les billes humides (b) les billes sèches. 78

Figure III. 16. Application du modèle de diffusion intraparticulaire pour l'adsorption du 4-NP sur (a) billes humides (b) billes sèches. 79

Figure III. 17 : Isotherme de Cu^{2+} sur billes humides et mont-Na ($[Cu^{2+}]$ entre 10 et 300 mg.L^{-1} ; volume de la solution =100ml masse sèche = 0,25g et masse des billes humides = 5g) 87
Figure III. 18 : Isotherme de Cu2+ sur billes sèches et mont-Na ([Cu2+] entre 10 et 300 mg.L-1 ; volume de la solution =100ml ; masse sèche = 0,25g) 87
Figure III. 19 : Isotherme de 4-NP sur billes humides et mont-Na ([4-NP] entre 10 et 200 mg.L-1 ; volume de la solution =100ml ; masse sèche = 0,25g et masse des billes humides = 5g) 88
Figure III. 20 : Isotherme de 4-NP sur billes sèches et mont-Na ([4-NP] entre 10 et 200 mg.L^{-1} ; volume de la solution =100ml ; masse sèche = 0,25g) 89
Figure III. 21 : Additivité de la capacité d'adsorption de Cu^{2+} sur les billes composite humides 94
Figure III. 22 : Additivité de la capacité d'adsorption de Cu^{2+} sur les billes composite sèches 94
Figure III. 23 : Additivité de la capacité d'adsorption de 4-NP sur les billes composite humides 96
Figure III. 24 : Additivité de la capacité d'adsorption de 4-NP sur les billes composites sèches 96
Figure III. 25 : Isotherme de Cu^{2+} sur Na-mont avec ou sans compétition avec le 4-NP 98
Figure III. 26 : Isothermes de 4-NP sur Na-mont avec ou sans compétition avec le Cu^{2+} ... 99
Figure III. 27 : Isothermes de 4-NP sur Na-mont et mont-Na saturé avec Cu^{2+} 99
Figure III.28 : Isothermes de Cu^{2+} sur les billes d'alginate avec ou sans compétition du 4-NP 100
Figure III.29 : Isothermes de 4-NP sur alginate billes humides et sèches sans ou en compétition avec Cu^{2+} 101
Figure III.30 : Isothermes de Cu^{2+} sur mont-Na/AS 1/1 billes humides et sèches sans ou en compétition avec 4-NP 102
Figure III.31 : Isothermes de Cu^{2+} sur mont-Na/AS 2/1 billes humides et sèches sans ou en compétition avec 4-NP. 102
Figure III.32 : Isothermes de 4-NP sur mont-Na/AS 1/1 billes humides et sèches sans ou en compétition avec Cu^{2+} 103
Figure III.33 : Isothermes de 4-NP sur mont-Na/AS 2/1 billes humides et sèches sans ou en compétition avec Cu^{2+} 103
Figure III. 34 : Cinétique de Cu^{2+} sur CA et billes sèches CA-AS 1/1 et 2/1: $[Cu^{2+}]$ = 50 mg.L-1 volume de la solution =100ml masse sèche = 0,25g 106
Figure III. 35 : Cinétique de 4-NP sur CA en poudre, billes humides AS et billes humides composites CA-AS 107
Figure III. 36 : Isotherme de Cu^{2+} sur billes humides CA-AS 1/1 et 2/1 ; billes humides AS et CA en poudre avec $[Cu^{2+}]$ varie entre 10 et 300 mg.L^{-1} volume de la solution =100 ml masse humide des billes = 1g 110
Figure III.37 : Additivité de la capacité d'adsorption du Cu^{2+} sur les billes humides composites CA-AS (ratio 1/1 et 2/1) 111
Figure III.38 : Isotherme de 4-NP sur billes humides CA-AS 1/1 et 2/1 ; billes humides AS et CA en poudre avec ([4-NP] entre 10 et 500 mg.L^{-1} ; volume de la solution =100ml ; masse humide des billes = 1g) 112
Figure III.39 : Additivité de la capacité d'adsorption du 4-NP sur les billes composite CA-AS (ratio 1/1). 113
Figure III.40 : Isothermes de Cu^{2+} sur CA et billes humides CA-AS 1/1 et 2/1 sans ou en présence du 4-NP 114
Figure III. 41 : Isotherme de 4-NP sur billes CA-AS et CA en poudre sans ou en présence de Cu^{2+} 115
Figure III.42 : Cinétique du Cu2+ et du 4 NP sur des billes humides composites ZS26-AS 1/1 117
Figure III.43 : Capacités d'adsorption de différents matériaux encapsulés (billes humides rapport 1/1) pour le cuivre 300 mg.L^{-1}. 120
Figure III.44 : Capacités d'adsorption de différents matériaux encapsulés (billes humides rapport 1/1) pour le 4 NP. 120
Figure III. 45 : Isotherme de Cu^{2+} sur billes ZS26-AS et ZS26 en poudre en présence de 4-NP 122
Figure III. 46 : Isotherme de 4-NP sur billes ZS26-AS et ZS26 en poudre en présence de Cu^{2+} 122

v

Liste des tableaux

Tableau I.1 : Schéma simplifié montrant la classification des principaux groupes des minéraux argileux... 13

Tableau I.2 : Quelques exemples d'applications d'argiles naturelles pour l'adsorption des polluants organiques et/ou inorganiques 15

Tableau I.3 : Exemples de type de modification et de polluants organiques adsorbés par différentes argiles modifiées. 16

Tableau I.4 : Profil des blocs M- et G- pour différentes espèces d'algues. (Ahmady-Asbchin 2008) 21

Tableau II.1: Caractéristiques du charbon actif F-400... 44

Tableau II.2 : Caractéristiques physico-chimiques des du 4-nitrophénol et du nitrate de cuivre (Chemfinder, 2005). 45

Tableau III. 1. Analyse chimique des échantillons argileux bruts.. 58

Tableau III. 2. Analyse chimique des échantillons argileux purifiés sodiques (< 2μm) 58

Tableau III. 3 : Abondance relative des minéraux présents dans les poudres par diffraction de rayons X.. 61

Tableau III. 4. Valeurs des CEC des échantillons avant et après purification...................... 64

Tableau III. 5 : Densités apparentes, diamètres et taux d'humidité...................................... 70

Tableau III. 6 : Paramètres cinétiques de l'adsorption de Cu^{2+} et de 4-NP sur billes humides et mont-Na 77

Tableau III. 7 : Coefficient de diffusion obtenue pour l'adsorption de Cu^{2+} par les billes humides 80

Tableau III. 8 : Coefficient de diffusion obtenu pour l'adsorption de 4-NP sur les billes humides 81

Tableau III. 9 : Paramètres cinétiques de l'adsorption de Cu^{2+} et de 4-NP sur billes sèches. 82

Tableau III. 10 : Coefficient de diffusion obtenu pour l'adsorption de Cu^{2+} sur les billes sèches 82

Tableaux III. 11 : Coefficient de diffusion obtenu pour l'adsorption de 4-NP sur les billes sèches 83

Tableau III. 12 : Paramètres cinétiques de l'adsorption de Cu^{2+} sur des billes humides AS et mont-Na/AS de différentes tailles 84

Tableau III. 13 : Paramètres cinétiques de l'adsorption de 4-NP sur des billes humides AS et mont-Na/AS de différentes tailles 84

Tableau III. 14 : Coefficient de diffusion obtenue pour l'adsorption de Cu^{2+} sur des billes humides AS et mont-Na/AS de différentes tailles... 85

Tableau III. 15: Coefficient de diffusion obtenu pour l'adsorption de 4-NP sur des billes humides AS et mont-Na/AS 1/1 de différentes tailles... 85

Tableau III. 16 : Valeurs des paramètres de Langmuir pour l'adsorption de Cu^{2+} sur les billes et le mont-Na 90

Tableau III.17 : Valeurs des paramètres de Langmuir pour l'adsorption de 4-NP sur les billes et le mont-Na 91

Tableau III. 18 : Valeurs des paramètres de Freundlich adsorption de Cu^{2+} sur les billes et le mont-Na 92

Tableau III. 19 : Valeurs des paramètres de Freundlich adsorption de 4-NP sur les billes et le mont-Na 92

Tableau III.20 : Paramètres cinétiques de l'adsorption de Cu^{2+} sur CA et billes humides AS et CA-AS... 106

Tableau III.21 : Paramètres cinétiques de l'adsorption de 4-NP sur CA et billes humides AS et CA-AS.. 107

Tableau III.22 : Coefficient de diffusion obtenu pour l'adsorption de Cu^{2+} sur des billes humides AS et CA-AS... 108

Tableau III.23 : Coefficient de diffusion obtenu pour l'adsorption de 4-NP sur des billes CA-AS humides 109

Tableau III.24 : Paramètres de Langmuir et de Freundlich pour l'adsorption du Cu^{2+} sur les différents matériaux. 110

Tableau III.25 : Paramètres de Langmuir et de Freundlich pour l'adsorption du 4-NP sur les différents matériaux. 113

Tableau III.26 : Constantes cinétiques de l'adsorption du Cu^{2+} et du 4-NP sur les billes humides AS et les billes encapsulant différents matériaux avec un rapport massique 1/1 d'alginates 118

Tableau III.27 : Paramètres de Langmuir et de Freundlich pour l'adsorption du Cu2+ et 4-NP sur ZS26 et billes humides AS et ZS26-AS 1/1 119

Tableau III.28 : Quantités du Cu^{2+} et 4-NP adsorbés par différentes billes composite comparés aux données de la littérature. 121

Introduction générale

Introduction générale

Introduction générale

Les hommes produisent de plus en plus de composés chimiques qui se retrouvent dans l'eau à cause des activités humaines et il est urgent de trouver de nouvelles méthodes de décontamination de l'eau, plus écologiques et à faible coût, en particulier pour les pays en voie de développement. Plusieurs procédés de décontamination de l'eau sont possibles dans le cas d'espèces chimiques solubles : l'adsorption, l'oxydation et la filtration. Le choix de la technique utilisée dépendra de son coût, ainsi que de la pollution à traiter mais l'adsorption est une technique couramment employée. Il est devenu aussi indispensable d'avoir des adsorbants produits avec de faibles coûts et qui soient capables d'éliminer simultanément des polluants organiques et inorganiques. Les argiles sont des matériaux peu onéreux et facilement accessibles qui présentent d'excellentes propriétés d'échanges de cations et qui peuvent être utilisées pour adsorber des contaminants. Certains problèmes se posent néanmoins lorsque ces matériaux veulent être utilisés comme adsorbant et en particulier dans leur mise en œuvre avec une difficulté de séparation vis-à-vis de l'eau traitée. L'encapsulation au sein des billes de biopolymères permet de pallier ce problème. L'alginate est un des polymères les plus utilisés pour éliminer des polluants en solution aqueuse. En plus de sa capacité d'adsorption, l'alginate se révèle intéressant par sa propriété à former des gels en présence de cations divalents, notamment d'ions calcium. Les propriétés d'adsorption et de gélification de l'alginate permettent d'envisager la combinaison des adsorbants par encapsulation et la réalisation de matériaux pouvant être mis en œuvre dans des procédés du traitement des eaux.

Pour ce travail, nous avons encapsulé dans des alginates une argile commerciale, du charbon actif et une argile mauritanienne naturelle. En Mauritanie, les argiles constituent une matière première très abondante. L'utilisation de ressources naturelles, renouvelables, et disponibles en grandes quantités comme l'argile et l'alginate permet de développer un produit dont la production présente un impact réduit sur l'environnement.

L'étude proposée porte sur l'optimisation de la préparation des billes encapsulant l'argile à partir des propriétés physiques et chimiques et une évaluation des propriétés adsorbantes des trois matériaux encapsulés. Une comparaison est effectuée avec le charbon actif qui est également un support facile à produire et qui constitue un matériel adsorbant de référence dans le traitement des eaux. Cette évaluation est réalisée d'une part sur une molécule organique, le 4-nitrophénol, mais également sur un cation métallique, le cuivre. L'utilisation de ces deux composés permet d'approcher la complémentarité des adsorbants et en particulier l'additivité éventuelle des propriétés adsorbantes des matériaux composites ainsi que les limites de compétition entre le deux polluants.

Ce mémoire est composé de 3 chapitres.

Dans le chapitre I, une synthèse bibliographique est proposée. Elle débute par la présentation de la problématique de la pollution du milieu aquatique et positionne l'adsorption parmi les méthodes conventionnelles de traitement des effluents contaminés. Les principales propriétés des matériaux précurseurs (argile, alginate) sont ensuite rappelées. Après une description des propriétés de gélification des alginates nous avons abordé les composés à base d'alginate, les méthodes d'encapsulation qui peuvent être envisagées, les matériaux encapsulés ainsi que l'adsorption sur les matériaux composites. La fin de ce chapitre est consacrée à la modélisation des mécanismes d'adsorption. Les différents modèles mathématiques employés pour analyser les résultats obtenus sont présentés.

Le chapitre II, présente les différents matériaux précurseurs employés, leur conditionnement et leur caractérisation. Le protocole de préparation des billes et la caractérisation de différents matériaux sont ensuite présentés. La fin de ce chapitre est consacrée à la présentation des procédures expérimentales utilisées pour l'étude d'adsorption du cuivre et du 4-nitrophénol par les adsorbants.

Dans le chapitre III, l'ensemble des résultats de ce travail sont présentés en trois parties. La première est consacrée à la caractérisation des composants et des matériaux préparés. La partie suivante concerne l'adsorption (cinétique et capacité) sur une argile (montmorillonite) commerciale avec une approche détaillée des cinétiques et des mécanismes d'adsorption dans les matériaux composites argile-alginate. Dans une dernière partie, le potentiel de matériaux composites préparés par encapsulation d'adsorbants facilement mobilisables (argiles naturelles) ou d'une production aisée (charbon actif) est évalué par comparaison de leurs propriétés avec celles de l'argile commerciale encapsulée.

Chapitre 1 : Synthèse bibliographique

1 SYNTHESE BIBLIOGRAPHIQUE

1.1 Généralités

1.1.1 Pollution du milieu

La production et l'utilisation d'un grand nombre de substances chimiques entraînent leur accumulation dans les effluents en sortie des lieux de production et dans l'environnement. L'impact sur les organismes vivants peut se révéler important en raison de la toxicité directe ou chronique de ces substances ou des produits de leurs métabolites. Des efforts importants sont faits pour un contrôle de l'utilisation et de la dissémination de ces substances. Les milieux aquatiques sont parmi les plus exposés. L'eau qui sert de solvant naturel pour de nombreux types de substances polluantes est capable d'entraîner les molécules non miscibles telles que les hydrocarbures, les huiles et leurs dérivés. La concentration de polluants dans ces milieux affecte directement les écosystèmes correspondants.

La contamination des eaux est par conséquent un souci majeur pour la protection des écosystèmes et des ressources en eaux. Il est l'objet de beaucoup d'études aussi bien au niveau des eaux superficielles que souterraines. Boschet, (2002) concluait que les ressources en eaux en Europe, sans être dans une situation dramatique, ne répondaient pas aux exigences sanitaires actuelles.

La diversification des sources de contamination et l'augmentation des activités génératrices de pollution accélèrent la pression s'exerçant sur les milieux aquatiques et la qualité générale de l'eau (Schwarzenbach et al. 2006). Le secteur industriel, a entrepris depuis de nombreuses années un effort important visant à contrôler et réduire de façon considérable les quantités de polluants rejetées dans le milieu naturel par l'intermédiaire d'effluents.

Les actions entreprises dès 1976 (Directive Européenne n°76/464/CEE du 4 mai 1976) ont principalement porté sur des polluants connus dont notamment certains types de particules en suspension, des composés phosphorés et des substances toxiques tels que métaux lourds et solvants chlorés. Cette politique a été affirmée et prolongée par la Directive

Cadre sur l'Eau n°200/60/CE d'octobre 2000, qui établit des listes précises de substances à contrôler et dont les rejets sont à diminuer ou à supprimer. La directive REACH n° EC 1907/2006 (décembre 2006) vise l'enregistrement de toutes les substances chimiques utilisées en laboratoire ou en industrie et l'analyse de leurs risques toxiques, ce qui permet à terme de définir précisément les cibles pour les procédés de remédiation et les seuils d'efficacité à rechercher. La Directive Cadre sur l'eau a été complétée et appliquée après l'adoption de la circulaire du 4 février 2002, contenant en particulier une action de Recherche et de Réduction des Rejets de Substances Dangereuses dans l'Eau (3RSDE), dont la mise en œuvre en partenariat avec les entreprises concernées a été confiée aux différentes DRIREs (Directions Régionales de l'Industrie, de la Recherche et de l'Environnement) et dont l'un des premiers objectifs est la définition des besoins de dépollution des rejets, en fonction des risques écologiques et écotoxicologiques que ceux-ci font courir.

Parmi les différents composés identifiés et analysés, les substances classées comme prioritaires sont des composés organiques de la famille des phtalates, les alkyls (nonylphénol, tertbutylphénol ...), les chlorophénols, les Hydrocarbures Aromatiques Polycycliques (HAP), et des éléments traces métalliques (plomb, cadmium, chrome...), (rapport DRIRE/INERIS, 2007). Par ailleurs les Composés Organiques Volatils (COV ou COHV) constituent une classe de composés dont le traitement est rendu difficile par leur forte dispersion.

Du fait des objectifs ambitieux visés par la Directive Cadre sur l'Eau et sachant que les procédés de traitement actuellement mis en place ne permettent pas d'atteindre ceux-ci, un important effort de recherche est nécessaire pour l'amélioration des installations et des procédés de traitement classiques et pour le développement de procédés novateurs.

1.1.2 Procédés de dépollution

Les techniques de dépollution des effluents varient selon les substances cibles, (cations métalliques, molécules organiques, particules de taille nanométrique ou micrométrique), le traitement continu ou en batch des effluents et la nature finale des déchets, (boues solides, solutions très concentrées, particules saturées en polluants).

Les différentes techniques d'épuration actuellement en place peuvent être classées en trois grandes familles (Boeglin et al. 2000-2008) :

- Les techniques visant à former une phase concentrée en polluants. Parmi les techniques reposant sur ce principe, on trouve par exemple l'évaporation, la pervaporation

(élimination sélective d'un solvant au travers d'une membrane présentant une affinité, hydrophile ou hydrophobe, pour ce solvant), l'osmose inverse, ou la filtration,
- Les techniques reposant sur l'extraction du polluant de la phase liquide : électrodéposition, électrolyse, adsorption, extraction liquide-liquide, échange ionique sur résines ou précipitation,
- Les techniques entraînant la minéralisation des composés organiques par incinération, pyrolyse, biodégradation ou dégradation catalytique.

Souvent, plusieurs techniques sont utilisées en série de manière à traiter plusieurs types de polluants sur une même chaîne ou rendre l'effluent compatible avec la méthode de traitement choisie.

L'adsorption est un moyen répandu pour assurer la séparation des polluants des effluents. De nombreux types de matériaux actifs et de procédés industriels les utilisant ont été testés, principalement en vue d'améliorer la capacité d'adsorption ou les coûts de préparation ou d'utilisation d'adsorbant.

1.1.3 Positionnement de l'adsorption dans le traitement des eaux

Parmi les différentes techniques de dépollution des effluents, l'adsorption sélective ou non sélective, fait l'objet de développements importants. Les efforts de recherche actuels portent notamment sur l'utilisation de nouveaux adsorbants dérivés de biomatériaux, chitosan (Vijaya et al. 2008), alginate (Peretz et al. 2008), ou produits à partir des déchets agricoles (Crini 2006), (Uddin et al. 2009), ainsi que le développement d'adsorbants sélectifs (Aksu et al. 2005), (Crini et al. 2008). L'étude d'adsorption de polluants qui présente une forte stabilité et peu sujet à des réactions d'oxydations ou de biodégradation tels que des composés organiques polycycliques azotés et chlorés, est particulièrement développée (Swift 1990), (Kurniawan et al. 2006).

Parmi les matériaux présentant des propriétés d'adsorption figurent les argiles et les alginates.

Les développements technologiques ont intégré les propriétés des argiles dans des domaines aussi divers que la papeterie, les céramiques, les forages pétroliers, la biochimie (synthèse de molécules organiques). Leurs propriétés adsorbantes liées à une surface spécifique très élevée et à une grande porosité, permettent d'envisager leur utilisation en dépollution des eaux.

1.2 Les argiles

1.2.1 Généralités

Les argiles comptent parmi les constituants les plus importants de la croûte terrestre et leur rôle dans le biotope est considérable en raison d'un ensemble de propriétés très particulières :
- capacité de dispersion/floculation et de formation de colloïdes,
- capacité d'échange cationique (et anionique) pouvant être importante,
- adsorption aisée de nombreux composés organiques et minéraux,
- gonflement parfois très important.

Ainsi, dans la nature, les argiles jouent-elles un rôle fondamental dans divers domaines de l'environnement que ce soit en géologie, pédologie, ou encore en dépollution de l'eau.

1.2.2 Structure cristalline des phyllosilicates

Les phyllosilicates sont des silicates dans lesquels les tétraèdres de SiO_4 forment des feuillets infinis bi-dimensionnels. Les phyllosilicates sont également appelés plus simplement silicates lamellaires (Le Pluart 2002). Les différents groupes de minéraux argileux se différencient par l'arrangement de leurs couches tétraédriques et octaédriques représenté sur la figure I.1.

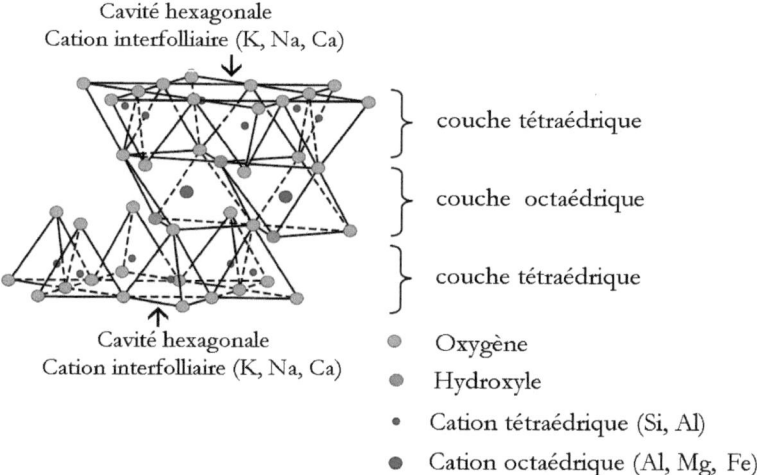

Figure I.1 : Représentation schématique d'un feuillet de phyllosilicate 2:1 (Luckham et al. 1999).

L'organisation structurale des phyllosilicates est basée sur une charpente d'ions O_2^- et OH^- (Caillère et al. 1982). Ces anions occupent les sommets d'assemblages octaédriques (O_2^- et OH^-) et tétraédriques O_2^-. Dans les cavités de ces unités structurales élémentaires (tétraédrique et octaédrique) peuvent venir se loger des cations de tailles variables (Si^{4+}, Al^{3+}, Fe^{3+}, Fe^{2+}, Mg^{2+}). Ces éléments s'organisent de façon plane pour constituer des couches octaédriques et tétraédriques dont le nombre détermine l'épaisseur du feuillet. L'espace entre deux feuillets parallèles s'appelle espace interfoliaire. Lorsque deux cavités sur trois de la couche octaédrique sont occupées par Al^{3+} (ou un autre ion métallique trivalent), la structure est dénommée *dioctaédrique*. Quand la totalité des cavités octaédriques est occupée par des ions métalliques bivalents, la structure est dite *trioctaédrique*.

Par ailleurs, il peut exister des substitutions isomorphiques dans les couches tétraédriques ($Si^{4+} \rightarrow Al^{3+}$, Fe^{3+}) et /ou octaédriques ($Al^{3+} \rightarrow Mg^{2+}$, Fe^{2+}, ou $Mg^{2+} \rightarrow Li^+$). Ces substitutions entraînent un déficit de charge qui est compensé, à l'extérieur du feuillet, par des cations compensateurs.

1.2.3 Classification des argiles

Il existe différentes classifications des argiles. La plus classique est basée sur l'épaisseur et la structure du feuillet. On distingue ainsi quatre groupes (Jozja 2003) :

- *Minéraux à 7 Å* : Le feuillet est constitué d'une couche tétraédrique et d'une couche octaédrique. Il est qualifié de T:O ou de type 1:1. Son épaisseur est d'environ 7 Å. C'est la famille des kaolinites.

- *Minéraux à 10 Å* : Le feuillet est constitué de deux couches tétraédriques et d'une couche octaédrique. Il est qualifié de T:O:T ou de type 2:1. Son épaisseur est d'environ 10 Å. C'est la famille des smectites

- *Minéraux à 14 Å* : Le feuillet est constitué de l'alternance de feuillets T:O:T et de couches octaédriques interfoliaires. C'est la famille des chlorites.

Par ailleurs, on trouve dans la littérature des modèles différents pour la classification des phyllosilicates. La première classification, établie par le comité international de Classification et de Nomenclature des Minéraux argileux en 1966, est basée uniquement sur la charge du feuillet et sur le nombre d'atomes métalliques en couche octaédrique. La deuxième, établie par Mering et al., (1969), prend en compte la localisation des substitutions, leur distribution et le type de cations compensateurs. Cette classification ne prend pas en compte les silicates synthétiques, parfois utilisés dans l'élaboration de nanocomposites, que sont la fluorohectorite, le fluoromica ou la laponite.

Le Tableau I.1 montre une classification simplifiée des principaux groupes de minéraux argileux (Jozja 2003).

Tableau I.1 : Schéma simplifié montrant la classification des principaux groupes des minéraux argileux.

Feuillet	Charge par maille	Dioctaédriques	Trioctaédriques
1:1	0	Kaolinite $(Si_4)(Al_4)O_{10}(OH)_8$	Antigorite $(Si_4)(Mg_3)O_{10}(OH)_8$
	#0		Berthierines $(Si_{4-x}Al_x)(Mg^{2+}_{6-x}M^{3+}_x)O_{10}(OH)_8$
	#0	Pyrophyllite $(Si_8)(Al_4)O_{20}(OH)_4$	Talc $(Si_8)(Mg_6)O_{20}(OH)_4$
2:1		SMECTITES	
	0,4 à 1,2	Montmorillonite $(Si_8)(Al_{4-y}Mg_y)O_{20}(OH)_4, M_y^+$ Beidellite $(Si_{8-x}Al_x)Al_4 O_{20}(OH)_4, M_x^+$	Hectorite $(Si_8)(Mg_{6-y}Li_y)O_{20}(OH)_4 M_y^+$ Saponite $(Si_{8-x}Al_x)(Mg_6)O_{20}(OH)_4, M_x^+$
	1,2 à 1,8	Illites $(Si_{8-x}Al_x)(Al_{4-y}M^{2+}_y)O_{20}(OH)_4 \, K^+_{x+y}$	Vermiculites $(Si_{8-x}Al_x)(Mg_{6-y}M^{3+}_y)O_{20}(OH)_4 \, K^+_{x-y}$
		MICAS	
	2	Muscovite $(Si_6Al_2)(Al_4)O_{20}(OH)_2 K^+_2$	Phlogopite $(Si_6Al_2)(Mg_6)O_{20}(OH)_2 K^+_2$
	4	Margarite $(Si_4Al_4)(Al_4)O_{20}(OH)_2 Ca^{2+}_2$	Clintonite $(Si_4Al_4)(Mg_6)O_{20}(OH)_2 Ca^{2+}_2$

Parmi l'ensemble des argiles citées dans le tableau I.1, les trois familles les plus importantes sont les kaolinites, les illites et les smectites.

1.2.3.1 Kaolinite

Dans le cas de la kaolinite (minéral 1:1), le feuillet est toujours neutre, dioctaédrique et alumineux, de composition $Si_2Al_2O_5(OH)_4$ par demi-maille (Pédro 1994). Morphologiquement, la kaolinite se présente sous forme de particules hexagonales constituées par des empilements de feuillets. La faible capacité d'échange des kaolinites est due à des sites de surface amphotères.

1.2.3.2 Illite

L'illite est un phyllosilicate 2:1. Les feuillets possèdent une charge globale négative, plus élevée que celle des smectites, qui est compensée par des ions potassium. La différence fondamentale avec les smectites réside dans le fait que les ions compensateurs (potassium) ne sont que très faiblement échangeables. L'illite a une capacité d'échange cationique faible. Il n'y a pas d'hydratation des espaces interfoliaires.

1.2.3.3 Smectites

Ce sont des phyllosilicates constitués des deux couches tétraédriques encadrant une couche octaédrique (phyllosilicates 2:1). Les minéraux les plus importants de cette famille sont la montmorillonite, la beidellite, l'hectorite et la saponite (Jozja 2003). La charge élevée de ces argiles (0,3 à 0,6 charge / demi-maille) est due pour l'essentiel à des substitutions isomorphiques. Cette charge est donc permanente, négative et indépendante du pH. Des cations compensateurs viennent alors se placer dans l'espace interfoliaire pour combler le déficit de charge. Ces argiles ont une capacité d'échange cationique élevée jusqu'à 85 et 160 milliéquivalents pour 100 grammes d'argile (Viallis-Terrisse 2000). Des molécules d'eau sont susceptibles de s'intercaler dans l'espace interfoliaire et le degré d'hydratation dépend de la nature du cation hydraté et de l'humidité relative (Benchabane 2006). Cette possibilité de « gonflement » des espaces interfoliaires conduit à désigner ces argiles par le terme d'«argiles gonflantes». D'un point de vue textural, les smectites sont généralement constituées de feuillets de grande extension latérale, associés, les uns aux autres en nombre très variable selon l'humidité et la nature du cation échangeable (Jozja 2003). Dans le cadre de ce travail, nous nous intéresserons, entre autres, à la montmorillonite car elle possède une grande surface spécifique et une capacité d'échange cationique élevée justifiant ainsi son utilisation dans les procédés d'adsorption.

1.2.4 Application au traitement des eaux

1.2.4.1 Argiles naturelles

Les argiles sont considérées aujourd'hui comme étant des matériaux adsorbants intéressants. En raison de leur coût faible, leur abondance sur tous les continents, leurs propriétés d'échange d'ions et leur surface spécifique élevée, la capacité de minéraux argileux (bentonite, montmorillonite, kaolinite...) à adsorber les molécules organiques et/ou minérales est un sujet qui a suscité un vif intérêt depuis de nombreuses années. Dans le tableau I.2 sont présentés quelques exemples d'applications des argiles naturelles à l'élimination des polluants organiques et/ou inorganiques.

Tableau I.2 : Quelques exemples d'applications d'argiles naturelles pour l'adsorption des polluants organiques et/ou inorganiques

Adsorbant (argile naturelle)	Adsorbat	Capacité maximum d'adsorption (mg.g^{-1})	Référence
Bentonite naturelle	- phénol	1,7	- Banat et al., (2000)
	- p-chlorophénol	10,6	- Koumanova et al., (2002)
	- Cr^{3+}	61,4	- Ghorbel-Abid et al., (2009)
	- Cu^{2+} et Ni^{2+}	17,8 et 13,9	- Liu et al., (2010)
Kaolin	colorant rouge Congo	5,4	- Vimonses et al., (2009)
Montmorillonite	-phénol,	-	- Yu et al., (2004)
	- Ni^{2+}	-	- Xu et al., (2008)
	- acides humiques	-	- Majzik et Tombacz., (2007)
	- bleu de méthylène	289,1	- Almeida et al., (2009)
	- Cu^{2+}	-	- Ding et Frost., (2004)
	- Chlorobenzène	-3,2	Sennour et al., (2009)
Kaolinite	- Pb^{2+}, Cd^{2+} et Ni^{2+}	11,5 ; 6,8 et 7,1	- Gupta et al., (2008)
	- Pb^{2+}, Cu^{2+}	2,3 ; 1,2	- Jiang et al., (2010)
Vermiculite	- Cd^{2+}, Pb^{2+}, Cu^{2+}	-	- Allan, et al., (2007)
	- Cu^{2+} Cr^{3+}	-	- El-Bayaa et al., (2009)
Smectite	- Cu^{2+}	-	Strawn et al., (2004)
Illite	- Acides humiques	-	- Lippold et al, (2009)
Palygorskite	- Tetracycline	56,0	- Chang et al., (2009)
	- Pb^{2+}	-	- Fan et al., (2009)
	- p-nitrophenol	-	- Chang et al., (2009)
Zéolite	- Cu^{2+}	-	- Turan et al., (2009)
	- Chlorophénols	-	- Yousef et al., (2007)

De nombreux auteurs ont proposé l'utilisation d'argiles pour l'adsorption de composés organiques phénolés, de macromolécules organiques, de métaux. Les capacités d'adsorption des éléments métalliques sont très importantes et comparables à celles des adsorbants classiques (charbon actif, zéolithe, alumine, et gel de silice). Par contre, l'adsorption des dérivés phénolés est faible. C'est pour cela que de nombreux chercheurs ont proposé la modification des argiles en vue d'améliorer leur capacité d'adsorption.

1.2.4.2 Argiles modifiées

En comparaison avec les adsorbants classiques et dans le but de valoriser les matériaux naturels, les minéraux argileux peuvent être modifiés afin d'améliorer leurs propriétés adsorbantes. Ces modifications qui sont de types physicochimiques basés essentiellement sur l'échange ionique, conduisent généralement, selon la nature de modification, non seulement à l'obtention d'adsorbants hydrophobes, mais aussi des catalyseurs hétérogènes. Le tableau I.3 montre, à la fois, le type de modification de l'argile ainsi que ses multiples utilisations dans l'adsorption envers certains polluants organiques et inorganiques.

Tableau I.3 : Exemples de type de modification et de polluants organiques adsorbés par différentes argiles modifiées.

Argile modifiée	Type de modification	Agent modificateur	Adsorbat	Capacité maximum d'adsorption $(mg.g^{-1})$	Référence
bentonite	activation chimique	oxyde de manganèse	Violet Cristal (CV⁺)	456,8	Eren et al.,(2009)
bentonite	insertion des tensioactifs	Dodécylammonium	p-chlorophénol, 4-nitrophénol	176,6 -	Akçay et al., (2004)
montmorillonite	pontage et fixation des tensioactifs cationiques	polycations hydroxymétalliques $(Al^{3+}, Fe^{3+}, Ti^{4+})$	p-chlorophénol, diuron, méthylparathion	295,6 - 39	Bouras, (2003)
montmorillonite	activation chimique et thermique	HCl et peroxyde d'hydrogène température (100-500)	chlorobenzène	174,8	Sennour et al., (2009)
Smectite	insertion des tensioactifs par échange cationique	benzyltriméthylammonium (BTMA) et hexadecyltrimethylammonium (HDTMA)	phénol	42,3 - 70,5	Shen, (2004)
montmorillonite	activation chimique	acide sulfurique	$Cd^{2+}, Co^{2+}, Cu^{2+}, Pb^{2+}, Ni^{2+}$		Bhattacharyya et al., (2009)
montmorillonite	insertion des tensioactifs	2-(3-(2-aminoethylthio)propylthio)-ethanamine (AEPE)	Hg^{2+}	46,1	Phothitontimongkol et al., (2009)
montmorillonite	pontage	Polycation hydroxyaluminique	Cu^{2+}	32,9	Karamanis et al., (2007)
Kaolinite	pontage	poly (oxo zirconium) et le tetrabutyl-ammonium (TBA)	Cu^{2+}	-	Bhattacharyya et al., (2006)
bentonite		Mélange goethite et acides humiques	Cu^{2+}, Cd^{2+}		(Olu-Owolabi et al.)
Hectorite	insertion des tensioactifs	2-(3-(2-aminoethylthio)propylthio)-ethanamine (AEPE)	Hg^{2+}	54,6	Phothitontimongkol et al., (2009)

La comparaison des capacités d'adsorption des argiles naturelles (tableau I.2) et d'argiles modifiées (tableau I.3) montre que les modifications améliorent considérablement l'adsorption des polluants, en particulier les composés phénoliques. La capacité d'adsorption de la bentonite modifiée par l'insertion des tensioactifs est de 176,6 mg.g^{-1} contre seulement 10,6 mg.g^{-1} pour une bentonite non modifiée.

Les modifications des argiles naturelles par différentes techniques physico-chimiques ou thermiques apportent à l'argile des propriétés variables selon le type de modification. Ainsi, lors de l'activation alcaline, les bentonites calciques sont transformées par traitement avec de la soude en bentonites sodique, qui se caractérisent notamment par une capacité de gonflement plus élevée. L'activation avec des acides comme l'acide chlorhydrique augmente la porosité par la solubilisation des carbonates, la dissolution périphérique des smectites et permet surtout l'obtention de bentonite acide (bentonite-H). Le pontage des argiles par l'intercalation entre leurs feuillets de gros polycations métalliques simples ou mixtes conduit à l'obtention de matériaux microporeux, à structure rigide, avec un grand espacement interfoliaire et thermiquement très stables (Bouras 2003). La modification d'argiles par greffage de molécules tensioactives cationiques conduira à la transformation du caractère hydrophile initial en un caractère hydrophobe et organophile ainsi qu'une augmentation de la distance basale du minéral argileux. Une simple réaction d'échange permet d'effectuer cette modification en s'appuyant sur la capacité d'échange cationique (CEC) des argiles (Gloaguen et al. 2007). Il suffit de remplacer les cations compensateurs (généralement des cations alcalins : Na$^+$, Li$^+$, K$^+$...) par des cations organiques.

1.2.5 Spécificités des argiles mauritaniennes

En vue de développer l'exploitation des produits (minerais) naturels, le gouvernement mauritanien a encouragé l'exploration de certains minerais : argiles, des phosphates, de l'or, du cuivre, ...,etc.

Les recherches sur les argiles en Mauritanie ont été initiées vers les années 1982, par l'office Mauritanien des Recherches Géologiques (OMRG) en collaboration avec la Coopération Chinoise. Cette première tentative n'a pas abouti quantitativement à des résultats significatifs, d'où l'intérêt d'explorer et d'étudier encore plus ces matériaux argileux dans le seul but de valorisation. Par ailleurs, la Mauritanie continue à importer des quantités importantes de produits céramiques finis. La valorisation des argiles est donc envisageable pour l'élaboration des matériaux de construction ou pour des applications telles que celles liées à l'environnement.

Préparer des études stratégiques pour la valorisation des argiles mauritaniennes n'est pas un objectif facile à atteindre, sauf dans le cas d'une mobilisation sérieuse et générale permettant la collaboration des différents acteurs, entre autres, industriels, centres spécialisés, universitaires et toute personne ou organisme compétant dans le domaine des argiles.

Pour s'assurer de l'efficacité et de la faisabilité de ces actions deux projets majeurs ont vu le jour :

- un projet de coopération entre le gouvernement mauritanien représenté par l'Office Mauritanien des Recherches Géologiques (OMRG) et la coopération espagnole représenté par l'Agence Espagnole de Coopération Internationale (AECI), intitulé « Exploitation d'argiles céramiques destinées au développement de l'habitat des régions du Gorgol et du Brakna ».

- un projet entre le Laboratoire de Chimie des Matériaux de la Faculté des Sciences et Techniques de Nouakchott et les Universités de Tunis et de Pierre et Marie Curie (France), intitulé « projet de valorisation d'argiles mauritaniennes ».

Dans ce contexte de valorisation de ce matériau abondant en Mauritanie, nous nous proposons d'utiliser cette argile dans la formulation de nouveaux matériaux sous forme de capsules à base d'alginate destinées à la dépollution des eaux par adsorption.

1.3 Les alginates

1.3.1 Généralités

Les premières expériences sur l'extraction des alginates à partir d'algues brunes, ont été réalisées par le chimiste anglais E. C. Stanford à la fin du XIXième siècle. En 1883, il découvrit une substance aux nombreuses et intéressantes propriétés, qu'il appela «algine». Leur production industrielle s'est développée ensuite aux USA dans les années 1930. L'alginate est un des biopolymères les plus polyvalents. Il est utilisé dans le secteur agro-alimentaire et l'industrie pharmaceutique (Payet et al. 2002) car il possède de nombreuses propriétés : épaississant, stabilisant, gélifiant.

1.3.2 Structure

1.3.2.1 Structure générale

L'acide alginique est un polymère naturel, linéaire, de structure hétérogène, constitué de deux unités monosaccharidiques : l'acide ß-D-mannuronique et l'acide α-L-guluronique (Diliana 2004). Il s'agit donc d'un polyuronide. Ces acides sont liés entre eux par des liaisons glycosidiques du type β-(1-4). Il est important de noter que la proportion en acide mannuronique (Man A) et en acide guluronique (Gul A) varie d'une espèce à l'autre. L'acide alginique comporte une fraction riche en ManA appelée bloc M, une fraction riche en GulA appelée G, et une fraction ou les deux unités d'acides uroniques sont liées alternativement entre elles, appelée bloc MG ou GM (figure I.2).

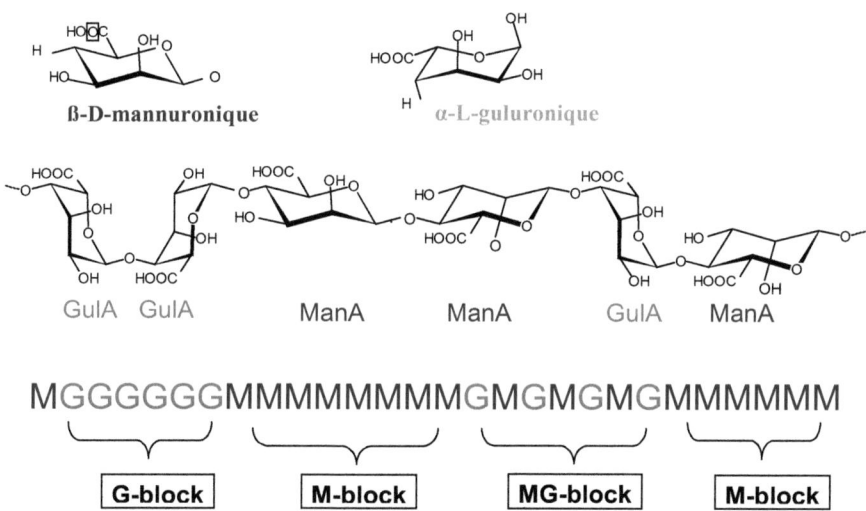

Figure I.2 : Présentation d'une structure d'alginate (Smidsrod et Dreget 1996).

L'alginate est présent dans la matrice de la paroi cellulaire (Mackie et al. 1974), (Chapman 1980). il est produit dans toutes les algues brunes (Percival et al. 1967). Les genres d'algues brunes principalement rencontrés sont : *Laminaria, Macrocystis, Fucus,* ainsi que

Ascophyllum, Ecklomie, Nereocytis, Durvillia, Chnoospora, et *Turbinaria*. En revanche, l'acide alginique est absent de tout autre tissu végétal, sauf chez certaines bactéries, où il se retrouve sous forme acétylée. L'alginate peut constituer entre 10% et 40% du poids sec des algues (Percival et al. 1967). Son abondance va dépendre de la profondeur à laquelle les algues se sont développées, mais varie également en fonction de la saison. La teneur en acide alginique *de Sargassum longifolium* s'est avérée être de 17%. Pour *Sargassum wightii* et *Sargassum tenerieum*, cette valeur atteint 30 à 35% (Chapman 1980). Pour *Sargassum fluitans*, il a été rapporté une teneur de 45% de son poids sec, sous forme protonée (Fourest et al. 1997). Davis et al., (2003) ont également signalé des rendements similaires en alginates protonées dans *Sargassum fluitans* et *Sargassum oligocystum* d'environ 45% et 37% respectivement.

1.3.2.2 Variabilité qualitative

Les alginates commerciaux ont, en général, un degré de polymérisation variant de 100 à 1000, soit un poids moléculaire compris approximativement entre 20000 et 200000. Des études relatives à la répartition des masses moléculaires ont été effectuées sur divers types d'alginates. Les résultats correspondants, présentent des valeurs qui se situent dans la fourchette citée mais varient d'un auteur à l'autre. Hirst et al., (1965) l'ont situé entre 6000 et 400 000. De manière générale et pour un type d'alginate donné, le pouvoir gélifiant augmente avec le poids moléculaire.

Selon Minghou et al., (1984) la qualité de l'alginate est appréciée par le rapport M/G. Celui-ci varie en fonction de deux facteurs importants :
- ✓ La variation saisonnière.
- ✓ Le type d'algue brune.

Lorsque la séquence des blocs M et G est sensiblement différente en structure et en proportion dans l'alginate (Tableau I.4), les propriétés physiques et la réactivité des polysaccharides varient (Haug et al. 1967). L'acide poly-mannuronique est un ruban plat de type chaîne de molécules de résidus ß-mannuroniques dans la conformation chaise. L'acide poly-guluronique est formé de monomères α-guluroniques dans la conformation chaise, qui produit une forme de bâtonnet. Cette variabilité dans la conformation moléculaire entre les deux blocs d'homopolymères détermine la différence d'affinité des alginates pour les métaux lourds (Atkins et al. 1973).

Tableau I.4 : Profil des blocs M- et G- pour différentes espèces d'algues. (Ahmady-Asbchin 2008)

Espèce d'algue	% MM	% MG et GM	% GG
Laminaria hyperborea (tige)	17	26	57
Laminaria hyperborea (feuille)	36	38	26
Laminaria digitata	43	32	25
Laminaria japonica	48	36	16
Durvillaea anterctica	56	26	18
Ectonia maxima	38	34	16
Macrocystis pyrifera	38	46	16
Ascophyllum nodosum	44	40	16
Lessonia nigrecens	40	38	22
Lessonia trabeculata	25	26	49

1.3.3 Solubilité des alginates

Les constantes de dissociation des acides carboxyliques présents dans les monomères M et G ont été déterminées : 3,38 et 3,65 respectivement. Les mêmes valeurs de pKa ont été déterminées pour les polymères (Haug et al. 1974). Pour des valeurs de pH inférieures au pK_a, les fonctions carboxyliques seront protonées, et dissociées dans le cas contraire. L'acide alginique moléculaire n'est pas soluble dans l'eau mais par contre sa solubilité dépendra du type de sel formé (sodium, ammonium, potassium ou d'autres métaux alcalins). Les formes dissociées se dissolvent parfaitement en solution aqueuse en donnant des solutions à haute viscosité. Le paramètre essentiel qui détermine et limite la solubilité des alginates dans l'eau est le pH du solvant, avec la présence de charges électrostatiques dans les résidus d'acide uronique. Les solutions d'alginates précipitent au contact des solvants organiques polaires comme les alcools et les cétones. Par contre, l'alginate glycol est soluble dans l'alcool.

1.3.4 Gélification

1.3.4.1 Généralités

Le phénomène de gélification est la conséquence de l'association intermoléculaire. Le rôle des constituants mineurs est essentiel car ils permettent de modifier, à la fois, les propriétés mécaniques et physiques du gel. Dans le cas des alginates, la gélification conduit à des textures très variées selon le nombre de jonctions entre les macromolécules. Toutefois, elle ne peut se faire sans l'intervention des réactifs susceptibles de neutraliser les charges répulsives des carboxylates (Del Gaudio et al. 2005). La structure de gel produit une résistance au cisaillement et cette viscosité des alginates dépend de plusieurs facteurs tels que le degré de polymérisation, la concentration, la température, le pH et la présence des ions bi ou trivalents. Globalement, la viscosité croit rapidement, à la fois, avec la concentration et avec la longueur de la molécule et diminue rapidement avec l'augmentation de la température.

1.3.4.2 La formation de gel

Le rapprochement des chaînes qui accélère la gélification peut se faire, soit par acidification du milieu, soit par addition de divers cations bi ou trivalents. Parmi eux, le calcium est le plus utilisé (Del Gaudio et al. 2005). Des études de diffraction aux rayons X et de dichroïsme circulaire ont montré que les ions calcium réagissent préférentiellement avec les blocs guluroniques avant de réagir avec les blocs mannuroniques à conformation fortement plissée comme le montre la figure I.3.

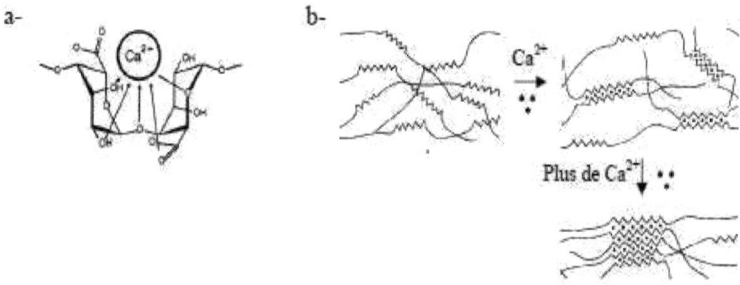

Figure I.3 : Représentation schématique de la formation d'egg-box. a) site de liaison des ions Ca^{2+} dans les monomères guluroniques (G). b) formation des « egg-box » au niveau des monomères guluroniques (G) en présence des ions calcium (Ca^{2+}) (www.fao.org).

De cette façon, il peut se former un empilement régulier de segments guluroniques encageant ainsi les ions calcium dénommé boîte à œufs « egg-boxs ». Dans cette structure, les segments M-G ne participent pas directement au phénomène de gélification, mais servent simplement de lien entre elles. Les zones homogènes permettent ainsi la formulation d'un réseau tridimensionnel comme présenté sur la figure I.3. Toutefois, pour obtenir un gel convenablement texturé, il est important que le nombre de zones de jonction, créé par le réactif réticulant (en général l'ion calcium) soit compris entre certaines limites. Ainsi, une quantité insuffisante de réticulant se traduit par une simple augmentation de pseudo plasticité de la solution alors qu'un excès conduira à la précipitation. La plage de gélification est comprise entre ces deux limites

1.3.4.3 La structure de gel

Il existe deux façons d'envisager l'aspect tridimensionnel du gel (Khaknegar et al. 1977).

La première, décrit le matériau comme étant une structure filamenteuse. L'association de nombreuses chaînes d'alginates donne naissance à ces filaments qui s'associent en se plaquant les uns aux autres à la manière d'un empilement de planches. Les ions calcium qui sont séquestrés entre les amas de chaînes contribueraient à maintenir cette structure en place. Cette configuration est illustrée Figure I.4.

Chapitre 1 : Synthèse bibliographique

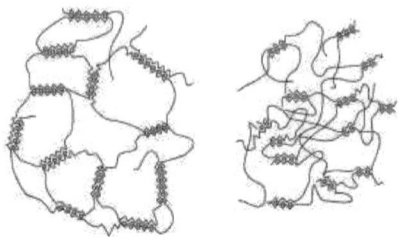

Figure I.4 : Modèles de structures proposées pour des réseaux de gels formés à partir d'alginate possédant des blocs d'acide guluronique de longueur différente : à gauche, taux de G élevé ; à droite, taux de M élevé. (Wong 2004).

Selon la seconde conception, le gel est considéré comme étant un réseau réticulé où un ion calcium bivalent assure un pontage entre deux acides uroniques suite à un échange avec deux cations sodium ou potassium. Cette représentation schématique du pontage propose que seules certaines molécules du réseau réagissent. L'explication de cette liaison incomplète entre les acides uroniques tient de l'affinité spécifique que possèdent les ions calcium pour l'acide guluronique, qui transforment le réseau précédent en un ensemble de configurations du type «boîte à œufs» où les séquences poly MG et probablement poly M sont interposées entre les piliers.

1.4 Les composites à base d'alginates

1.4.1 Propriétés

Des matériaux englobant ou mélangeant différents types d'adsorbants sont envisagés de façon à compenser ou associer les propriétés spécifiques d'un type de matériau avec les avantages d'un autre. L'encapsulation d'un adsorbant dans une matrice polymère permet la combinaison d'adsorbants. Les billes résultant de cette combinaison peuvent présenter des sites d'adsorption efficaces vis-à-vis de substances ciblées dans la solution. Parmi les polymères les plus utilisés pour préparer un tel composite, on trouve des polysaccharides d'origine naturelle notamment l'alginate, le chitosan, l'agarose, des carbohydrates (Hou et al.

2008) ou la cellulose. Des polymères synthétiques tels que le polystyrène (Yang et al. 2005) ou le polyacrylique ont également été utilisés. Ces différents polymères présentent la capacité de former des gels organisés en réseaux tridimensionnels. Le choix du polymère et de la méthode de formation des liaisons entre chaînes, influence directement les propriétés finales du gel : porosité, biodégradabilité, capacité de gonflement (Fundueanu et al. 1999), (Crini 2005), (Morch et al. 2006).

L'utilisation des polymères biodégradables et biocompatibles, pour l'immobilisation et l'encapsulation de molécules biologiques actives permet d'éviter un certain nombre de problèmes rencontrés avec des macromolécules synthétiques. C'est ainsi que l'alginate, polysaccharide linéaire anionique biocompatible a été largement utilisé sous forme de matrices réticulées, films ou billes gélifiées pour la délivrance orale de protéines bioréactives et de médicaments (Moebus et al. 2009). L'alginate est aussi utilisé en biologie pour immobiliser des cellules (Wikstrom et al. 2008) ou des enzymes (Li et al. 2009). L'expérience accumulée lors de l'étude d'encapsulation dans le domaine biomédical peut être étendue pour combiner des matériaux capables d'extraire des polluants contenus dans une eau polluée.

L'efficacité d'un matériau composite adsorbant/polymère pour fixer des polluants provient non seulement de l'adsorbant encapsulé, mais aussi des sites actifs de la matrice polymère. Récemment, plusieurs études ont été menées pour encapsuler des adsorbants dans une matrice polymère en vue de leur utilisation dans le domaine de dépollution.

1.4.2 Méthodes d'encapsulation et de préparation des billes

Dans la pratique, la gélification des alginates peut être effectuée selon deux technologies :

La *gélification par diffusion*

Le produit contenant l'alginate en solution est immergé dans un bain contenant les ions calcium. Il se forme alors instantanément en surface une pellicule gélifiée permettant de figer la forme qui reste cependant très fragile puisque la structure interne n'est pas assurée Toutefois, cette pellicule reste perméable aux ions calcium qui peuvent diffuser vers le centre si le temps d'immersion est suffisant. Ce procédé n'est utilisé que pour les formes de tailles assez petites et permet une gélification dans un temps raisonnable.

La gélification dans la masse

Ce procédé nécessite le recours à un réactif réticulant, capable de créer progressivement dans toute la masse des zones de jonction de façon à réaliser un gel homogène. Vu que le gel ne doit se former qu'après la mise en forme, il importe que le réticulant ne réagisse pas trop rapidement; c'est pourquoi, on incorpore aux solutions d'alginate des sels retardateurs (Khaknegar et al. 1977). Le réticulant le plus utilisé est le sulfate de sodium alors que le sel retardateur n'est autre que le sulfate de calcium.

La synthèse par extrusion (Rocher et al. 2008) consiste à introduire une solution de sel d'alginate ou l'alginate contenant le matériau encapsulé goutte à goutte à l'aide d'une seringue ou d'une pointe de pipette par l'intermédiaire d'une pompe péristaltique dans une solution contenant le réticulant. La réaction rapide entre l'alginate et le réticulant à la surface permet de figer la forme sphérique de la goutte au sein de la solution. Le volume de la goutte gélifie par la suite au fur et à mesure de la diffusion du réticulant au travers de la surface de la bille en formation.

La gélification d'un aérosol (Serp et al. 2000) repose sur la pulvérisation d'une solution d'alginate à l'aide d'un électro-spray, les gouttelettes de taille micrométrique ainsi formées sont dirigées vers un bain contenant le réticulant afin de figer leur forme et leur taille.

L'émulsion (Zhao et al. 2007) propose une méthode reposant sur la réticulation de l'alginate au sein d'une émulsion. Une solution d'alginate et de calcium lié ($CaCO_3$ par exemple) est émulsionnée dans une huile. Le pH est ensuite abaissé pour libérer les ions Ca^{2+} qui gélifient les gouttes d'alginate. La méthode d'émulsion permet une production massive mais une répartition des tailles moins homogène.

1.4.3 Exemples de matériaux encapsulés

Des alginates ont été largement utilisés en médecine pour encapsuler des médicaments ou des substances biologiques fragiles (enzymes, microorganismes, cellules animales ou humaines). Depuis quelques années, différents types de matériaux ont été encapsulés avec des polymères notamment avec des alginates, pour une application dans le domaine du traitement des eaux. Parmi ces matériaux encapsulés, on trouve les biomasses algales. Ces matériaux présentent une importante capacité à fixer des polluants inorganiques, en particulier les éléments métalliques qui se trouvent sous forme cationique. Par exemple, des billes issues de l'immobilisation de *C. vulgaris* avec l'alginate (Abu Al-Rub et al. 2004) ont été utilisées efficacement pour éliminer le nickel d'une solution aqueuse. Des billes similaires ont été utilisées dans une colonne à lit fixe pour l'adsorption du cuivre (Aksu et al. 1998). Le mécanisme d'absorption des métaux par la biomasse n'est pas encore bien défini, il peut impliquer des mécanismes d'adsorption physique et/ou de la chimisorption ou encore des mécanismes d'échange d'ions. L'immobilisation d'une biomasse avec l'alginate renforce la contribution de l'adsorption physique, tandis que les limitations de diffusion peuvent provoquer une diminution du taux d'adsorption (Abu Al-Rub et al. 2004).

D'autres exemples d'utilisations d'alginate pour l'encapsulation de biomasse sont proposés pour l'adsorption des métaux. Bayramoglu et al., (2006) propose l'encapsulation de *Chlamydomonas reinhardtii* pour l'adsorption de mercure, de cadmium et de plomb, alors que Papageorgiou et al., (2006) ont réalisé l'encapsulation de *Laminaria digitata* pour adsorber du cuivre, du cadmium et du plomb. Des cellules d'algues mortes ont été encapsulées avec l'alginate pour l'adsorption cette fois de naphtalène en solution aqueuse (Ashour et al. 2008). Des restes de production agricole comme par exemple des déchets de raisin (Fiol et al. 2004), (Escudero et al. 2006), des résidus de carottes (Guzel et al. 2008) peuvent être également encapsulés pour former des adsorbants de métaux.

Parmi les matériaux encapsulés avec l'alginate, le charbon actif présente un intérêt particulier dans le but de constituer un adsorbant qui soit, à la fois, capable d'adsorber des métaux lourds et des composés organiques toxiques en solutions aqueuses. Des argiles peuvent également être utilisées. Lazardis et al., (2005) ont mis en place un matériel adsorbant sous une forme de billes composites alginate-goethite. Il existe d'autres exemples d'encapsulation d'argile comme de la kaolinite ou de la bentonite (Singh et al. 2009).

Le polyvinyle alcool (PVA) (Jeon et al. 2002), l'acide humique (Pandey et al. 2002) ont été immobilisés dans des alginates. Le PVA-acide borique a bien été retenu par l'acide alginique en utilisant le glutaraldéhyde comme agent de réticulation, les billes obtenues disposaient d'une bonne résistance mécanique. De plus, elles sont également stables dans des conditions de pH fortement acides (pH <1,0) et à des températures élevées (T>170 °C) (Jeon et al. 2002).

Une technologie innovante qui retient l'attention est l'utilisation de matériaux magnétiques pour la séparation des contaminants d'un effluent. Dans les applications environnementales, la séparation magnétique peut être une méthode prometteuse pour la purification des eaux. Cette méthode, qui ne produit pas de contaminants tels que les floculants, a la capacité de traiter une grande quantité d'eaux usées dans un délai court (Ngomsik et al. 2009). Par exemple, des billes composites d'alginate- charbon actif - ligands magnétiques (Rocher et al. 2008) se sont avérées efficaces pour l'adsorption de colorants notamment le bleu de méthylène, tandis que des billes qui contenant cette fois des ligands magnétiques, l'alginate et le Cyanex 272 ont pu éliminer des éléments métalliques, comme le cobalt par exemple.

1.5 Adsorption sur des billes d'alginates purs ou composites

1.5.1 L'adsorption sur des alginates purs

La fixation des cations polluants s'effectue par échanges ioniques au niveau des fonctions carboxylate de l'alginate (Fourest et al. 1996). La combinaison des propriétés de gélification et d'adsorption, permet la réalisation de billes utilisables en purification des eaux. C'est ainsi que l'équipe de Peretz et al.,(2008) a pu utiliser des billes d'alginates de calcium pour adsorber des nitrophénols. Un système similaire a été testé pour l'adsorption de colorants (Aravindhan et al. 2007). L'adsorption des cations métalliques sur des billes d'alginates a également été largement étudiée : cuivre (Veglio et al. 2002), cadmium et plomb (Papageorgiou et al. 2008), manganèse (Gotoh et al. 2004) ou chrome (Araujo et al. 1997). Comme dans le cas de l'alginate d'autres polysaccharides issus de ressources naturelles sont étudiés tel que le chitosane obtenu par traitement chimique ou enzymatique de la chitine. Ses propriétés adsorbantes proviennent des fonctions chimiques portées par les monomères essentiellement des fonctions d'alcool et amine. Le chitosan a été utilisé avec succès pour adsorber différents métaux lourds (Guibal 2004) ou molécules organiques (Li et al. 2009). Par ailleurs, la présence de fonction amine permet de greffer facilement des fonctions supplémentaires, ce qui permet d'augmenter le champ d'application de ce biomatériau.

1.5.2 Adsorption sur billes composites d'alginate et d'argiles

L'usage des billes composites d'alginates et d'argiles dans l'adsorption et la rétention des métaux et des produits phytosanitaires est largement cité dans différents travaux. Ainsi, (Lazaridis et al. 2005) ont mis en place un matériel adsorbant sous une forme de billes composites alginate-goethite. La capacité d'adsorption de ces matériaux vis à vis du Cr (III) et du Cr (VI) a été évaluée ; elle augmente avec la teneur en goethite dans les billes, avec la diminution de la taille des billes et avec l'accroissement de la concentration des adsorbats en solution. Ces billes peuvent être facilement régénérées après leur utilisation par un simple lavage avec l'acide HNO_3 (1M) suivi par une neutralisation à la soude (1M).

L'étude de la rétention de l'atrazine et de l'isoproturon a été réalisée sur une colonne remplie d'une couche de matériau composé de bentonite encapsulée dans des alginates (Fernandez-Pérez et al. 2000 ou 2001). Cette étude a montré la capacité de ce matériau à adsorber les deux pesticides, permettant ainsi de réduire le risque de contamination des eaux souterraines. Pourjavadi et al., (2007) ont préparé et caractérisé un matériau adsorbant hydrogel composite composé d'alginate, de kaolinite et d'acrylate de sodium. Ils ont conclu que le matériau préparé peut potentiellement être utilisé dans divers domaines (environnementaux, pharmaceutiques). Récemment des billes issues de l'encapsulation du kaolin, de la bentonite et de l'amidon avec l'alginate ont été synthétisées (Singh et al. 2009). Elles ont été ensuite utilisées dans l'étude de l'adsorption et de la désorption du dithiocarbamate. Cette étude montre que la présence du kaolin et de la bentonite au sein des billes augmente leurs capacités d'adsorption et retarde le relargage de la matière active adsorbée sur les billes.

1.5.3 Adsorption sur billes composites d'alginate et de charbon actif

Kim et al., (2008) ont étudié l'adsorption des ions cuivre (Cu^{2+}) et du phénol sur des billes d'alginates contenant du charbon actif (matériau composite). L'adsorption des constituants en solutions simples ou binaires a été réalisée sur la poudre de charbon actif (CA), les billes d'alginates (AS) et les billes d'alginates contenant du charbon actif (CA-AS). Les données d'adsorption à l'équilibre du phénol et du cuivre sur les adsorbants ont pu être

Chapitre 1 : Synthèse bibliographique

représentées par l'équation de Langmuir. La capacité d'adsorption du cuivre sur les différents adsorbants a été donnée dans cet ordre : billes d'alginates (AS) > billes d'alginates contenant du charbon actif (CA-AS) > poudre de charbon actif (CA). Par contre, la capacité d'adsorption du phénol sur les mêmes adsorbants a été établie dans l'ordre suivant : poudre de charbon actif > billes d'alginates encapsulant le charbon actif > billes d'alginates. L'adsorption compétitive a été décrite par trois modèles, la théorie de l'adsorption en solutions idéales (IAST) permettant la meilleure description des résultats.

Choi et al., (2009) ont étudié l'adsorption du zinc et du toluène sur un matériau complexe composé d'alginate, de zéolite et de charbon actif. Cette étude visait à développer un nouvel adsorbant pour l'élimination à la fois, des composés organiques et inorganiques en solutions aqueuses. Des séries d'expériences ont été réalisées pour tester la capacité d'adsorption de tels matériaux. Les résultats ont montré que les billes préparées peuvent éliminer à la fois le zinc et le toluène des solutions aqueuses. La capacité maximale d'adsorption du matériau composite pour le zinc et le toluène déduite de l'isotherme d'adsorption de Langmuir est respectivement de 4,3g/Kg et de 13,0g/Kg. Par ailleurs, Park et al., (2007) ont utilisé des billes constituées d'un mélange hétérogène d'alginate et de charbon actif. Un adsorbant composite (CA-AS) a ainsi été développé en combinant les fonctions du gel d'alginate et du charbon actif, et ce matériau a été utilisé avec succès pour l'élimination simultanée des ions métalliques et des éléments organiques toxiques. Les analyses quantitatives ont montré qu'une grande part de l'adsorption des éléments organiques peut être attribuée au charbon actif contenu dans les billes composites alors que le constituant alginate a un rôle majeur dans l'élimination des métaux lourds. Enfin, Lin et al., (2005) ont étudié l'élimination des composés organiques par les billes d'alginates dans lesquelles était encapsulée de la poudre de charbon actif. Dans cette étude, plusieurs sortes de billes d'alginates contenant du charbon actif (CA-AS) ont été préparées dans le but d'améliorer la sélectivité de ces billes et leurs propriétés pour l'adsorption de nombreux composés de tailles moléculaires et de charges différentes, comme le p-chlorophénol, des acides humiques, l'acide gallique, le méthyle orange et le bleu de méthylène. Les billes CA-AS préparées en utilisant des ions calcium ont une charge négative et adsorbent aussi bien les composés chargés positivement que les composés neutres (sans charges). La quantité de charges peut être contrôlée en ajustant la concentration d'ions calcium utilisés dans le processus de préparation des billes. Le gel d'alginate préparé en utilisant le Fe (III) a une forte affinité pour l'acide gallique, composé chargé négativement. En utilisant les ions calcium, les billes d'alginates contenant le charbon actif, adsorbent sélectivement le p-chlorophénol d'un mélange de p-chlorophénol et d'acides humiques. Les résultats de cette étude suggèrent que les billes CA-AS peuvent être utilisées pour l'élimination de pesticides qui peuvent être présents à de faibles concentrations dans les eaux naturelles alors que ces dernières peuvent contenir une grande quantité de matières organiques dissoutes comme les substances humiques.

1.5.4 Etude des paramètres d'adsorption

1.5.4.1 Effet du temps du contact

Dans des études concernant l'adsorption de métaux et de polluants organiques, les temps de contact entre la solution et les billes d'alginate sont très variables : de quelques minutes à quelques jours. Le maximum des rendements d'adsorption est généralement atteint après un temps de contact assez court. Par exemple Gotoh et al., (2004) lors de travaux effectués avec des billes d'alginates, ont montré que le rendement maximal d'adsorption de cuivre et de manganèse est atteint après 30 minutes de contact. Les travaux de Vijaya et al., (2008) sur l'adsorption de nickel ont montré qu'un temps de contact de 90 min est habituellement suffisant pour atteindre un rendement maximal d'adsorption sur des billes composées d'alginate, du mélange d'alginate et de charbon actif ou de chitosane et de charbon actif. Par contre, un temps de contact nettement plus long, soit entre 24 et 72 heures, a été utilisé lors des travaux sur l'adsorption du Cr(VI) sur les billes issue de l'encapsulation de déchet de raisin avec l'alginate de sodium (Fiol et al. 2004).

1.5.4.2 Effet du pH sur la capacité d'adsorption

Le pH du milieu représente un paramètre agissant grandement sur la capacité de fixation des adsorbants naturels et notamment des bioadsorbants. Cet effet important du pH rend d'ailleurs particulièrement difficile la comparaison de la performance des adsorbants proposés dans la littérature, puisque les conditions de pH employées sont très variables. L'effet du pH sur l'adsorption des ions métalliques ou des composés organiques sur des billes d'alginates a été largement étudié. Escudero et al., (2009), ont étudié l'adsorption de As (III) et As(V) sur l'hydroxyde de Fe^{3+} et de Ni^{2+} à l'état natif ou encapsulé dans des solutions ajustées à des pH variant entre 2 et 12,5. Ils ont montré l'existence de deux plateaux de pH optimum de 5 à 10 pour l'adsorption de As(III) et de 6 à 9 pour As(V). En dehors de ces plateaux, l'adsorption d'As (III) et As (V) diminue. Ils expliquent la diminution de l'adsorption à pH≤3 du fait de la perte de l'adsorbant par solubilisation et/ou dégradation de l'hydroxyde métallique puisque le Fe^{3+} et Ni^{2+} sont retrouvés dans la solution. La diminution de l'adsorption à pH>10 est attribuée à la répulsion entre les espèces anioniques de l'arsenic (III) ($H_2AsO_3^-$) et de l'arsenic (V) ($H_2AsO_4^-$; $HAsO_4^{2-}$) et la surface de charge négative des adsorbants à pH>pH_{pzc}. L'effet du pH sur l'adsorption de Cu^{2+} sur des billes alginate/ biomasse d'algues a été examiné par Vilar et al., (2009). Ces travaux ont montré que l'adsorption du cuivre diminue aux faibles valeurs de pH à cause de la concurrence entre les protons et l'ion Cu^{2+} pour les sites actifs. Inversement, l'adsorption augmente avec le pH de la solution. L'effet du pH de la solution sur l'élimination du phénol et de ses dérivés peut être expliqué en considérant les formes ioniques et moléculaires des composés phénoliques présents dans la solution. Ces composés agissent comme des acides faibles en solution aqueuse, et la dissociation est fonction du pH de la solution. Dans des solutions acides, la forme moléculaire domine alors qu'en milieu alcalin, la forme anionique sera majoritaire. L'étude de l'adsorption de phénol et *0*-chlorophénol sur des billes chitonane/alginate menée par Nadavala et al., (2009), pour une gamme de pH variant entre 3 et 10, a montré une adsorption maximale de deux composés à pH = 7 et une diminution significative de la quantité adsorbée pour des valeurs de pH éloignées de la neutralité.

1.6 Modélisation de l'adsorption

1.6.1 Les modèles cinétiques

De nombreux modèles ont été utilisés pour décrire les données expérimentales de l'adsorption au cours du temps mais une grande majorité se base traditionnellement sur des schémas réactionnels de premier ordre ou de second ordre par rapport à la quantité de soluté fixée. Ces modèles sont particulièrement utiles pour leur facilité d'emploi et leur bonne capacité à décrire l'expérience.

1.6.1.1 Modèle cinétique de premier ordre

Lagergren, (1898) propose un modèle d'ordre 1 basé sur une relation linéaire entre la quantité de soluté fixé à la surface du matériau en fonction du temps. De nombreux auteurs ont utilisé ce modèle cinétique irréversible pour décrire l'adsorption de solutés organiques et inorganiques sur des surfaces solides hétérogènes.

L'expression de la vitesse dépend directement de la quantité adsorbée q_t, soit :

$$\frac{dq_t}{dt} = k_1(q_e - q_t) \qquad (1)$$

Où k_1 constante cinétique de pseudo premier ordre (min^{-1}),

q_t capacité d'adsorption au temps t (mg.g^{-1} d'adsorbant sec),

q_e capacité d'adsorption a l'équilibre (mg.g^{-1} d'adsorbant sec),

et t temps (min).

La quantité de soluté fixée à l'équilibre, q_e (ou à l'instant t) est obtenue par le bilan de conservation de la matière :

$$q_e m = (C_0 - C_e)V \qquad (2)$$

Où m masse sèche d'adsorbant introduite dans le réacteur (g)

V volume de réacteur (L)

C_0 concentration initiale du soluté en solution (mg.L^{-1})

C_e concentration à l'équilibre du soluté en solution (mg.L^{-1})

L'intégration de l'équation 1 aux conditions limites ($q_t = 0$ quand t = 0 et à t=t, q_t=q_t) donne :

$$\ln\left[\frac{q_e - q_t}{q_e}\right] = -k_1 t \qquad (3)$$

L'équation 3 peut être écrite sous forme non linéaire

$$q_t = q_e(1-\exp(-k_1 t)) \quad (4)$$

Dans la plupart des études sur les cinétiques d'élimination, ce modèle n'est pas adapté à toute la gamme de temps de contact, mais il est généralement applicable au début de l'adsorption, soit pour les 20 ou 30 premières minutes. Au-delà, les capacités expérimentales ne sont plus correctement extrapolées.

1.6.1.2 Modèle cinétique de pseudo second ordre

Dans le souci d'approcher le plus possible le mécanisme réactionnel réel, un modèle de pseudo second-ordre a été développé (Ho et al. 1998), (Ho et al. 2000). Il a permis de décrire correctement la fixation du cuivre, du nickel et du plomb sur de la tourbe. En effet, l'hétérogénéité des sites réactionnels de ce type de matériau ne permet pas d'imaginer que la sorption des espèces métalliques est simplement d'ordre un. Plus généralement, Ho et al., (1999) recensent soixante-dix systèmes impliquant l'adsorption de divers solutés (métaux, colorants, composés organiques) sur de nombreux adsorbants de faibles coûts. L'analyse des données cinétiques relève qu'un modèle irréversible de second ordre fournit des résultats de meilleure qualité que les modèles d'ordre inférieur. Cette meilleure description des cinétiques s'explique par l'hétérogénéité réelle des sites de fixation. Ces vitesses de transfert se caractérisent globalement par deux phases : une première phase correspondant à la fixation rapide des solutés sur les sites les plus réactifs et une seconde phase plus lente qui implique la fixation sur les sites de faible énergie.

En faisant l'hypothèse que l'énergie d'adsorption pour chaque ion métallique est constante et indépendante du taux de recouvrement des sites et qu'il n'y a aucune interaction entre les ions fixés, (Ho et al. 1999) posent :

$$\frac{dq_t}{dt} = k_2(q_e - q_t)^2 \quad (5)$$

Avec k_2, la constante de vitesse de pseudo second ordre du modèle (g.mg^{-1}.min^{-1}).

L'intégration de l'équation (équation 3) et les conditions limites $q_t = 0$ à $t = 0$ conduisent à la relation :

$$\frac{1}{(q_e - q_t)} - \frac{1}{q_e} = k_2 t \qquad (6)$$

L'équation 6 peut être écrite sous la forme suivante :

$$q_t = \frac{k_2 t q_e^2}{1 + k_2 t q_e} \qquad (7)$$

1.6.1.3 Modèles de diffusion

La fixation d'ions métalliques sur des particules bioadsorbantes peut être modélisée par un ensemble de phénomènes comprenant quatre étapes :

1. Le transfert du soluté du cœur de la solution vers le film liquide qui entoure les particules,
2. La diffusion dans le film liquide vers la surface du bioadsorbant (diffusion externe),
3. Le transfert du soluté de la surface vers les sites de fixation interne (diffusion intra particulaire),
4. L'interaction du soluté avec les groupements fonctionnels de fixations.

Les deux premières étapes sont généralement rapides du fait de l'agitation de la solution qui va éliminer les gradients de concentration pouvant s'établir au voisinage de la particule : la diffusion intraparticulaire devient alors l'étape limitante.

Lorsque les temps de contact pour atteindre l'équilibre sont longs, ou bien que les solutés sont des molécules organiques chargées de grandes tailles comme les colorants, les modèles de diffusion, contrôlant les mécanismes de sorption, sont souvent plus appropriés que les modèles cinétiques simples. Ces mécanismes sont toujours contrôlés par une résistance de la couche externe et/ou un transfert de matière par diffusion interne ou diffusion intraparticulaire.

1.6.1.3.1 Diffusion externe

La diffusion externe est modélisée à partir de la relation proposée par (Spahn et al. 1975). Laquelle la variation de concentration en soluté dans la phase liquide peut être mise en équation comme suit :

$$V\frac{dC_t}{dt} = -k_s A(C_t - C_s) \qquad (8)$$

Où C_s concentration en soluté à l'interface liquide-solide au temps t (mol.L^{-1})

  A surface d'échange concernée par la diffusion externe (m^2)

  k_s coefficient de transfert externe (m.s^{-1})

Lorsque t tend vers zéro, la concentration à l'interface liquide-solide peut être considérée comme nulle, et la concentration instantanée dans la phase liquide tend vers la concentration initiale, il vient donc après intégration :

$$\ln\frac{C_t}{C_0} = -k_s \frac{A}{V} t \qquad (9)$$

A partir des données expérimentales, la pente de la droite ln(C_t/C_0)=f(t), lorsque t tend vers zéro, donne le coefficient k_s

1.6.1.3.2 Diffusion intraparticulaire

L'analyse théorique de cette diffusion conduit à l'utilisation de relations mathématiques complexes, dépendant fortement de la forme de la particule.

Pour calculer les coefficients de diffusion intraparticulaires dans le cas des isothermes d'adsorption favorables en supposant le coefficient de diffusion superficiel constant, on obtient l'équation cinétique suivante (Ruthven, 1984 ; Tien 1994)

$$\frac{\partial q}{\partial t} = \frac{1}{r^2}\frac{\partial}{\partial r}\left\{D_i r^2 \frac{\partial q}{\partial r}\right\} = D_i\left\{\frac{\partial^2 q}{\partial r^2} + \frac{2}{r}\cdot\frac{\partial q}{\partial r}\right\} \quad (10)$$

Dans le cas d'une solution inépuisable (ou système infini), l'équation simplifiée (10) peut s'intégrer pour donner la solution suivante, obtenue par (Crank 1956) :

$$\frac{q(t)}{q_0} = 1 - \frac{6}{\pi^2}\sum_{m=1}^{\infty}\frac{1}{m^2}\exp\left(-\frac{\pi^2 D_i m^2}{R_p^2}\cdot t\right) \quad (11)$$

q_0 représente la quantité maximale de soluté pouvant s'adsorber.

R_p rayon de particule

A long terme, c'est-à-dire lorsque $\frac{q_t}{q_0} \geq 0,7$ cette série converge vite et le premier terme prédomine. De ce fait on obtient :

$$\frac{q(t)}{q_0} = 1 - \frac{6}{\pi^2}\exp\left(-\frac{\pi^2 D_i}{R_p^2}\cdot t\right) \quad (12)$$

A court terme, lorsque $\frac{q_t}{q_0} \leq 0,3$, la série converge lentement et on obtient ;

$$\frac{q(t)}{q_0} = \left(\frac{6}{R_P}\cdot\sqrt{\frac{D_i}{\pi}}\right)\cdot\sqrt{t} \quad (13)$$

1.6.2   Les modèles d'équilibre d'adsorption

Parmi les modèles présentant la relation à l'équilibre entre la quantité adsorbée à la surface du solide q_e et la concentration du soluté en solution de C_e, deux d'entre eux sont les plus classiques : le modèle de Langmuir et le modèle Freundlich. D'autres peuvent être intéressants dans la mesure où les paramètres extraits de leurs équations ont soit une signification physique, soit apportent des informations supplémentaires sur la nature des mécanismes de sorption mis en jeu. La détermination de l'énergie libre de réaction par le modèle de Dubin-Radushkevich en est un exemple. Ces modèles sont décrits dans la suite de ce paragraphe.

1.6.2.1 Modèle de Langmuir

Le modèle de Langmuir (Langmuir 1916) rend compte de l'équilibre thermodynamique entre la quantité adsorbée et les concentrations libres du couple adsorbât/adsorbant. Ce modèle repose sur les hypothèses suivantes :
- l'adsorption maximale correspond à un recouvrement monocouche de la surface de l'adsorbant,
- les sites d'adsorption sont homogènes avec une énergie d'adsorption constante quelle que soit la quantité adsorbée,
- les molécules adsorbées ne présentent pas d'interactions entre elles.

L'équation de Langmuir s'écrit :

$$q_e = q_m \frac{k_L C_e}{1 + k_L C_e} \qquad (14)$$

Où C_e la concentration du soluté à l'équilibre en solution (mol.L^{-1} ou g.L^{-1})

q_e la concentration du soluté à l'équilibre dans le solide (mol.L^{-1} ou g.g^{-1})

q_m la capacité maximale d'adsorption (mol.L^{-1} ou g.g^{-1})

k_L la constante d'équilibre (L.mol^{-1} ou L.g^{-1})

1.6.2.2 Modèle de Freundlich

L'équation empirique de Freundlich (Freundlich 1906) traduit une variation des énergies d'adsorption avec la quantité adsorbée. Cette distribution des énergies d'interaction s'explique par une hétérogénéité des sites d'adsorption. Contrairement au modèle de Langmuir, l'équation de Freundlich ne prévoit pas de limite supérieure à l'adsorption ce qui restreint son application aux milieux dilués. En revanche, ce modèle admet l'existence d'interaction entre les molécules adsorbées. L'équation de Freundlich s'écrit :

$$q_e = k_F C_e^{1/n_F} \qquad (15)$$

Où k_F (μmol$^{1-1/n}$.L$^{1/n}$.g^{-1} ou μg$^{1-1/n}$.L$^{1/n}$.g^{-1}) et $1/n_F$ (sans unité) sont les constantes de Freundlich.

1.7 Conclusion

Les éléments de la littérature montrent que différents types d'adsorbants et de matériaux d'origines diverses, peuvent être encapsulés dans des alginates en vue de l'élimination, à la fois, des éléments métalliques et des composés organiques toxiques. Les matériaux préparés peuvent inclure des adsorbants classiques (charbons actifs, argiles, zéolithes) ou d'autres matériaux de natures différentes (déchets organiques, ligands magnétiques, biomasse…). Les mécanismes d'adsorption sur ces matériaux composites sont rarement précisés ainsi que l'éventuelle additivité de leurs capacités adsorbantes Le but de ce travail est de mieux comprendre le fonctionnement d'un matériau composite constitué d'une argile et d'alginate ou de charbon actif et d'alginate dans l'élimination du 4-nitrophénol (4-NP) et du cuivre Cu(II) en solutions aqueuses.

Chapitre 2 : Matériels et méthodes

2 MATERIELS ET METHODES

Ce chapitre décrit d'un point de vue physico-chimique les adsorbants utilisés : c'est-à-dire les billes composites et les matériaux entrant dans leur composition (argile, charbon actif, alginate) ainsi que le protocole de synthèse des billes d'alginate et des billes composites. Il présente aussi les différentes techniques de caractérisation des adsorbants ainsi que les méthodes de dosage utilisées pour quantifier les deux composés modèles choisis (cuivre, 4-nitrophénol).

Les conditions de réalisation des essais cinétiques et isothermes à l'équilibre sont ensuite présentées.

2.1 Produits

2.1.1 Matériaux adsorbants

Les matériaux adsorbants utilisés dans cette étude sont l'argile, l'alginate de sodium, le charbon actif et des billes mixtes composées soit de l'argile et d'alginate encapsulé ou d'alginate et de charbon actif.

2.1.1.1 Argile

2.1.1.1.1 La bentonite commerciale

Une bentonite commerciale (Volclay fournie par Sigma-Aldrich constituée de plus de 90% de montmorillonite) a été utilisée pour une grande partie de cette étude. La bentonite utilisée dans ce travail est dispersée dans une solution de NaCl à 1 mol.L^{-1}. L'argile échangée par le sodium est séparée de la solution et lavée plusieurs fois à l'eau désionisée.

2.1.1.1.2 Argiles de Mauritanie

Il faut rappeler qu'en Mauritanie, les argiles constituent une matière première très abondante. Ainsi, afin d'identifier les matériaux présentant les meilleures propriétés adsorbantes, quatre échantillons d'argiles ont été prélevés dans différents endroits présélectionnés (R3, NKC04, ZS23 et ZS26). En revanche, le choix des sites et les prélèvements des échantillons ont été réalisés par des géologues du département de géologie de la FST de l'Université de Nouakchott. L'étude a commencé par une caractérisation physico-chimique des quatre échantillons d'argiles afin de sélectionner la meilleure argile susceptible d'être utilisée pour l'encapsulation. Le choix de l'échantillon le plus apte à une utilisation dans le domaine d'encapsulation est basé sur certaines propriétés telles que la proportion en smectites et les propriétés gonflantes.

2.1.1.2 Charbon actif

Le charbon actif (CA) utilisé au cours de cette étude est un produit commercial, de type F-400 fourni par Chemviron Carbon qui a été broyé puis tamisé. Le charbon actif en poudre de taille inférieure à 500 µm produit a été utilisé dans la synthèse des billes composites alginate charbon actif. Le tableau II.1 présente quelques caractéristiques du charbon actif F-400 d'après (Baup 2000).

Tableau II.1: Caractéristiques du charbon actif F-400

Caractéristiques	F-400
Origine	Fossile
Activation	Physique
Masse volumique apparente ($kg.m^{-3}$)	750
Diamètre moyen (mm)	0,91
Coefficient d'uniformité	1,61
Aire de Surface BET ($m^2.g^{-1}$)	1200
Aire attribuée aux micropores ($m^2.g^{-1}$)	1042
Volume poreux moyen ($cm^3.g^{-1}$)	0,58
Volume des micropores ($cm^3.g^{-1}$)	0,43
Diamètre moyen des pores (Å)	9,2
Fonctions de surface acides ($meq.g^{-1}$)	0,379
Fonctions de surfaces basiques ($meq.g^{-1}$)	0,308

2.1.2 Polluants

Pour déterminer les capacités d'adsorption des billes mixtes et des matériaux précurseurs (alginate, argile, charbon actif), le 4-nitrophenol (4-NP), un composé organique phénolique et le cuivre (Cu^{2+}) un élément métallique ont été choisis comme modèles de polluants organiques et inorganiques. Le choix du 4-paranitrophénol est justifié par le fait que ce composé est le métabolite ultime de pesticides organophosphorés (Kankou, 2004) utilisés et continuent à l'être dans toute la Mauritanie ; le choix du cuivre est dû au fait que son extraction dans la région de l'Inchiri constitue une menace grandissante de la meilleure nappe phréatique de la Mauritanie à savoir Bennéchab. Le tableau II.2 présente les caractéristiques des deux composés.

Tableau II.2 : Caractéristiques physico-chimiques des du 4-nitrophénol et du nitrate de cuivre (Chemfinder, 2005).

4-nitrophénol	Formule brute	$C_6H_5NO_3$
	Nom IUPAC	4-nitrophénol
	Densité	1,27
	Masse moléculaire (g.mol^{-1})	131,10
	pKa (30°C)	7,15
	Température de fusion (°C)	111 à 116
	Température d'ébullition (°C)	279
	Solubilité dans l'eau (g.L^{-1})	12,4

Nitrate de cuivre hydraté	Formule brute	$Cu(NO_3)_2\ 3H_2O$
	Nom IUPAC	Nitrate de cuivre(II)
	Densité	-
	Masse moléculaire (g.mol^{-1})	187,55
	Température de fusion (°C)	114,5
	Température d'ébullition (°C)	170 (décomposition)
	Solubilité dans l'eau (g.L^{-1})	1380

2.2 Préparation des adsorbants

2.2.1 Synthèse des billes

2.2.1.1 Préparation des billes d'alginates

La solution de précurseur (alginate) est préparée en versant progressivement 1g d'alginate de sodium dans 100mL d'eau désionisée Milli-Q sous agitation (agitateur de marque ROTAMAC 10). Une agitation de 30 minutes est ensuite appliquée afin d'obtenir un gel bien homogène. L'agitation est arrêtée quelques instants afin de permettre aux éventuelles bulles d'air de s'éliminer de la solution visqueuse obtenue.

Pour la formation des billes, une synthèse par extrusion a été mise en œuvre (figure II.1). La solution d'alginate est introduite grâce à une pompe péristaltique (Ismatec), à travers des capillaires calibrés afin de former des gouttes. Le débit de la pompe est de 0,81 L.h^{-1}. Ces gouttes tombent dans 200 mL d'une solution de chlorure de calcium $CaCl_2$ à 0,1mol/L sous agitation mécanique. La réaction rapide entre l'alginate et le réticulant à la surface permet de figer la forme sphérique de la goutte au sein de la solution. Le volume interne de la goutte gélifie par la suite au fur et à mesure de la diffusion du réticulant à travers la surface de la bille en formation. Cette méthode conduit à la formation des billes de taille millimétrique ce qui permettra d'encapsuler facilement les différents matériaux envisagés.

Figure II.1: photos de la diapositive de la synthèse des billes par extrusion

Le mélange (billes d'alginate et solution de chlorure de calcium) est laissé au repos pour un temps de maturation de 10h, durée largement suffisante pour une gélification complète. Le temps de maturation varie de 15 min à 15h en fonction de la concentration en cations, de la force ionique et du pH.

Après maturation, les billes sont filtrées. La concentration en ions Ca^{2+} dans les billes est supérieure à la quantité nécessaire pour un échange 1/1 avec les ions Na^+ initialement présents dans le mélange précurseur. Les ions calcium présents dans les billes ne sont donc pas tous associés aux charges négatives des fonctions carboxylates et il reste des ions libres au sein des billes. Or une force ionique trop forte peut diminuer l'affinité des billes vis-à-vis de l'adsorption de polluants chargés par des gels d'alginate (Chen et al. 1997). Pour éliminer ces ions libres et diminuer la force ionique dans des billes, des lavages à l'eau distillée sont nécessaires. Un tamis a été utilisé sur lequel les billes sont déposées. Le lavage est effectué par aspersion d'eau distillée.

Après lavage, les billes sont soit utilisées immédiatement dans le cas des billes dites "humides", soit séchées à l'air (20 ± 2°C) pour obtenir des billes dites "sèches". Les billes n'ont pas été séchées à l'étuve afin d'éviter la fermeture du volume poreux et la forte réduction de la taille des pores de la matrice d'alginate. Cette transformation est décrite comme irréversible, principalement en raison de la rigidité de la matrice réticulée par les ions calcium (Fundueanu et al. 1999).

2.2.1.2 Préparation des billes de matériaux composites

Pour la préparation des billes mixtes argiles - alginate, ou charbon actifs - alginate une masse d'argile (entre 1 et 4 g) ou de charbon actif (entre 1 et 2g) est ajoutée à 100 ml d'eau. Cette suspension est agitée jusqu'à ce qu'elle soit homogène, puis 1 g d'alginate de sodium en poudre est alors ajouté lentement dans la suspension qui est maintenu sous agitation rapide. Pour former les billes, le mélange argile-alginate ou charbon actif-alginate est ensuite introduit de la même manière décrite précédemment pour l'intrusion de solution d'alginate dans le réticulant.

2.3 Caractérisations des billes et des matériaux précurseurs

2.3.1 Taux de gonflement des billes S (%) et Taux d'humidité TH (%)

Des pesées de 2g pour chaque type de capsules humides sont mises à sécher à l'air libre à température ambiante environ 20 ± 2°C. L'évolution du taux de gonflement en fonction du temps est suivie par la pesée des masses de capsules à des intervalles de temps différents jusqu'à l'obtention de masses constantes. Celles–ci indiquent dans ces conditions, l'évaporation de l'eau contenue dans les capsules. Le taux de gonflement des capsules est déterminé selon la formule suivante :

S(%) = [(poids humide – poids sec à 20°C)/ poids humide] *100

Les billes dites sèches contiennent encore un pourcentage d'eau. Pour déterminer le taux d'humidité (TH), les billes dites « sèches ou humides » sont chauffées à 105°C.

2.3.2 Diamètre et densité des billes

La mesure du diamètre des billes est nécessaire afin de calculer les coefficients de diffusion. Le diamètre moyen des billes a été estimé en photographiant les billes sous une loupe binoculaire équipée d'une camera. Deux photos sont prises, contenant chacune une vingtaine de billes environ (ce nombre varie en fonction de la taille des billes). Les clichés ont été traités ensuite par analyse d'image à l'aide du logiciel Image J.

La densité des billes sèches et humides a été déterminée par un pycnomètre Accupyc 1330.

2.3.3 Etudes par spectrométrie infrarouge

Les spectres IRTF ont été réalisés à l'aide d'un spectrophotomètre à transformer de Fourier Perkin Elmer type 1000. Le domaine spectral étudié s'étend de 4000 cm^{-1} à 400 cm^{-1} avec une résolution de 2 cm^{-1}. La préparation des échantillons consiste à mélanger quelques milligrammes (2 mg) de capsules séchées préalablement à 60 ° et finement broyées avec 200 mg de KBr. Le mélange est compressé sous vide à température ambiante, à l'aide d'une pastilleuse. Trois spectres ont été réalisés et comparés : la montmorillonite (mont-Na), les billes d'alginate (SA) et des billes composites mont-Na/SA.

2.3.4 Analyse thermique différentiel et thermogravimétrique ATD-ATG

Le comportement en température des billes d'alginate séchés à 20°C et de mélanges mont-Na/SA a été étudié et comparé à celui d'une montmorillonite (mont-Na). L'analyse thermique différentielle (ATD) et l'analyse thermogravimétrique (ATG) ont été effectuées simultanément à l'aide d'un appareil Netzsch model STA 409. La vitesse de montée en température est fixée à 10°C par minute de la température ambiante jusqu'à 1000 °C. L'analyse thermique différentielle (ATD) permet la mise en évidence de réactions chimiques (dissociation, oxydation, déshydratation, combinaison) ou de changement d'état (fusion) s'accompagnant de dégagement ou d'absorption de chaleur. L'analyse thermogravimétrique (ATG) consiste à déterminer, en fonction de la température, les quantités de constituants volatils dégagés (ou parfois réadsorbés) par l'échantillon analysé.

2.3.5 Etude par diffraction de rayons X (DRX)

2.3.5.1 Préparation de l'échantillon

Pour la caractérisation des échantillons bruts par diffraction des rayons X, l'argile est séchée à température et humidité ambiantes, tamisé (500 µm), puis broyée dans un mortier en agate. Dans le but de déterminer la minéralogie complète de chacun des échantillons, les diffractogrammes ont été obtenus à partir de poudres désorientées (placées directement sous forme de poudre dans un porte-échantillon classique).

Chapitre 2 : Matériels et méthodes

Pour bien caractériser les phyllosillicates, il faut séparer la fraction argileuse (<2 µm) des autres phases. La séparation de cette fraction a été faite suivant la méthode classique, basée sur le principe de sédimentation différentielle (loi de Stockes) de l'argile et des phases plus denses et plus grossières qui constituent les impuretés. Ensuite, un échange cationique a été fait pour rendre l'argile homoionique. Des échantillons échangés Na^+ et Ca^{2+} ont été préparés. Le schéma du protocole complet de préparation est présenté dans la Figure II.2.

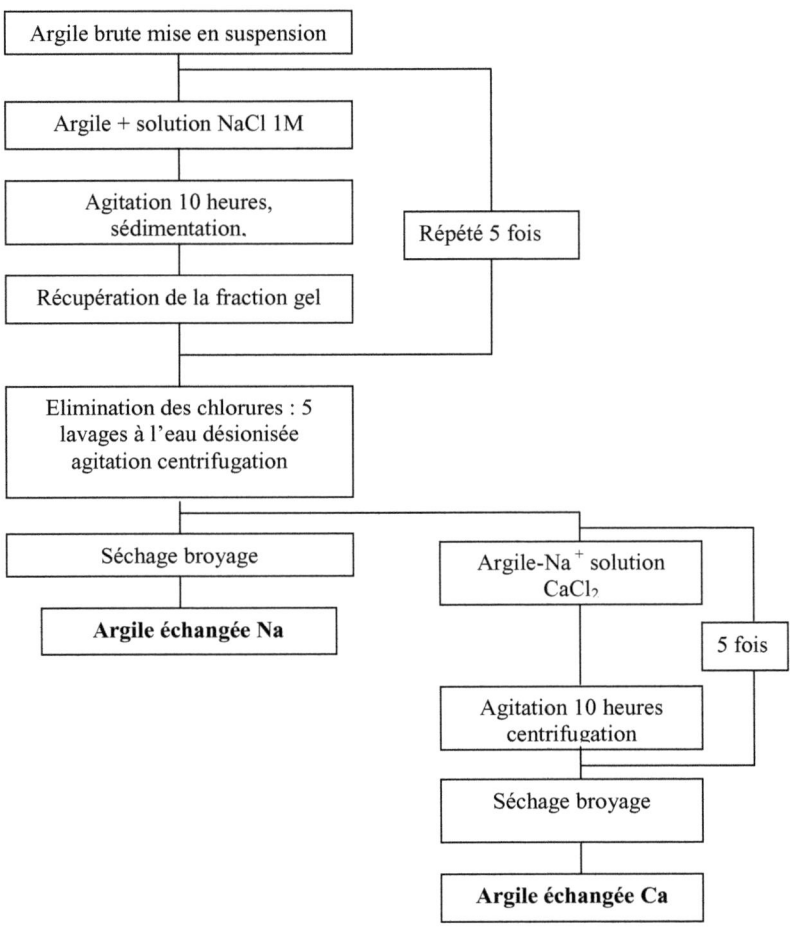

Figure II.2 : organigramme montrant le protocole à suivre pour un échange sodique et un échange calcique

2.3.5.2 Détermination des phases argileuses par la diffraction des rayons X

Les diffractogrammes de rayons X en lames orientées permettent d'identifier les différents minéraux argileux qui constituent chaque échantillon. Les distances mesurées sur les réflexions *(001)* peuvent, selon leurs valeurs, être attribuées à différentes espèces de minéraux argileux. Dans une première étape, l'interprétation qualitative des diffractogrammes de RX permet d'identifier ces différentes espèces minérales par comparaison avec les données disponibles dans la littérature. Le test de solvatation à l'éthylène glycol a été utilisé pour identifier les phyllosilicates gonflants. Dans le cas des smectites, les distances $d(001)$ observées sont voisines de 17 Å et correspondent à l'insertion d'une double couche d'éthylène glycol entre les feuillets. Les argiles échangée-Na^+ et échangée-Ca^{2+} ont été préparées par dépôt direct d'une suspension diluée d'argile sur une lame de verre dépolie et évaporation à l'air libre (humidité ambiante). On étale le liquide sur une lame de verre horizontale afin d'obtenir un dépôt orienté bien régulier, puis on laisse sécher à l'air libre. Les échantillons d'argile échangée Na^+ et échangée Ca^{2+} sont d'abord analysées en conditions «air-dry»; puis analysées de nouveau après une saturation à l'éthylène glycol. Les diagrammes ont été réalisés à l'aide d'un diffractomètre Philips X'pert Pro diffractometer ($CuK\alpha$, 40 KV, 40 mA).

2.3.6 Analyse chimique élémentaire

L'analyse chimique est une méthode directe qui permet d'évaluer la composition des échantillons en termes de pourcentages d'oxydes. L'analyse chimique a été effectuée sur les quatre échantillons d'argiles mauritaniennes bruts et purifiés, ainsi que sur la bentonite commerciale.

2.4 Solutions et dosages

2.4.1 Préparation des solutions

Tous les produits chimiques sont de qualité analytique. Les solutions ont été préparées avec une eau désionisée Milli-Q (résistivité 18.2M cm, COT <10 µ g / L). L'alginate de sodium, le chlorure de calcium dihydrate (CaCl$_2$, 99,9%) et le 4-nitrophenol (4-np) ont été fournis par Fluka. Les alginates de sodium ont été utilisés telles qu'ils ont été reçus.

2.4.2   Spectroscopie UV-visible

Le spectrophotométre UV-visible utilisé au cours de cette étude pour déterminer la concentration de 4-NP est un Cary Varian 50. Son détecteur est saturé pour une absorbance supérieure à 3 : il est donc nécessaire de diluer les échantillons les plus concentrés avant leur dosage. La longueur d'onde est fixée au maximum d'absorbance à 318 nm.

2.4.3   Spectrométrie d'absorption atomique

Les mesures de la concentration en cuivre sont effectuées à l'aide d'un appareil SpectrAA Varian 110/220, composé d'une lampe à cathode creuse servant de source lumineuse, d'un brûleur associé à un nébuliseur, d'un monochromateur et d'un photodétecteur relié à un dispositif d'acquisition des données. Un étalonnage spécifique est effectué avant chaque série de mesures.

Les solutions sont utilisées directement après avoir été filtrées (filtre de 0.2µm) et après avoir effectué des dilutions adéquates de façon à ramener les concentrations de l'élément dans la gamme de dosage de 1 à 6 mg/L.

2.5 Etude d'adsorption

2.5.1   Cinétique d'adsorption

Les études concernant la cinétique d'adsorption ont été menées à température ambiante (20 ± 2 °C). Le pH initial est de 5 et 5,5 pour la solution du cuivre et du 4-nitrophénol respectivement.

Pour le cuivre, une solution à 50 mg/L en Cu^{2+} est préparée. Les mesures sont effectuées à différents temps de contact : 5 min, 15 min, 30 min, 1 h, 2 h, 4 h, 6 h, 8 h, 12 h et 24 h. Chaque échantillon est filtré à 0,2 µm avant d'être analysé.

Pour le 4NP, une solution à 20 mg/L est préparée. Le suivi cinétique sur les billes d'alginate (AS) et de mont-Na/AS s'effectue en mesurant en continu l'absorbance (acquisition toutes les 5 minutes sur un Spectromètre Varian Cary 50 Probe équipé d'une fibre optique) durant 900 minutes pour les billes humides et 2500 minutes pour les billes sèches. Pour le mont-Na, CA et les billes CA-AS, les mesures sont effectuées à différents temps de contact : 5 min, 15 min, 30 min, 1 h, 2 h, 4 h, 6 h, 8 h, 12 h et 24 h. Les cinétiques sont modélisées à l'aide du logiciel Origin.

2.5.2 Isotherme d'adsorption

L'adsorption de deux polluants par différents matériaux a été étudiée en construisant des isothermes d'adsorption. Elles représentent la variation de la quantité de polluant adsorbé à l'équilibre sur le solide (q_e en mg.g^{-1}) en fonction de la concentration en polluant dans la solution (C_e en mg.L^{-1}).

Les équilibres isothermes (20 ± 2°C) ont été réalisés dans une série de flacons en verre de 125 mL. Pour le cuivre, une masse de 5g de billes humides (AS, mont-Na/AS et CA-AS) ou une masse de billes « sèches » de 0,25g de chacun de différents matériaux est ajoutée à 100 ml de solution de cuivre dont la concentration varie entre 0 et 300 mg/l. Les isothermes de 4-NP ont été réalisées de la même façon sur les différents matériaux sauf pour le CA et les billes CA-AS. Dans ces deux cas, les masses ont été diminuées en raison de la forte capacité d'adsorption du charbon actif vis-à-vis le 4-NP. Les flacons fermés sont placés sur une table d'agitation (modèle Ikalabortechnic) avec une oscillation horizontale réglée de 280 à 300 coups par minute (cps.mn^{-1}) pendant un temps de contact nécessaire à l'équilibre : pour les billes humides mont-Na/AS, le temps de contact est de 12 heures alors que celui des billes sèches est de 48 heures. Par la suite, le contenu du flacon est filtré et les filtrats sont analysés.

Pour vérifier une éventuelle compétition entre les deux polluants (4-NP et Cu^{2+}) sur les matériaux adsorbants des isothermes de mélange 4-NP et Cu^{2+} ont été réalisés, la concentration d'un des polluants est fixée à 100mg/l alors que celle du second est variable.

2.5.3 Calcul des quantités adsorbées

Toutes les valeurs de capacités d'adsorption seront exprimées en mg/g de matière sèche. Le taux d'humidité est donc déterminé en réalisant 3 pesées de 2 g (±0,01 g) de billes. Ces billes sont laissées à l'air libre environ 3 jours, puis placées à l'étuve à 105°C pendant 24 heures. La quantité de produit adsorbé exprimée en mg de soluté par un gramme de solide adsorbant est donnée par la relation suivante :

$Q = (C_0 - C_r).V/m$

où les paramètres suivants représentent:

Q : Quantité de polluant par unité de masse de COIM (en µmol.g-1, µg.g-1 ou mg.g^{-1}).

C_0 : Concentration initiale (µmol.L-1, µg.L-1 ou mg.L-1)

C_r : Concentrations résiduelles à l'équilibre (µmol.L-1, µg.L-1 ou mg.L-1)

V : Volume de l'adsorbat (L)

m : Masse de l'adsorbant (g) obtenu en déterminant à la fin de chaque manip le taux d'humidité.

Chapitre 3 : Résultats et discussions

3 RESULTATS ET DISCUSSIONS

3.1 Introduction

Les résultats sont présentés en trois parties. La première est consacrée à la caractérisation des composants et des matériaux préparés. La partie suivante concerne l'adsorption (cinétique et capacité) est effectuée sur une argile (montmorillonite) commerciale. Dans une dernière partie, l'intérêt des matériaux composites préparés par encapsulation d'adsorbants facilement mobilisables (argiles naturelles) ou d'une production aisée (charbon actif) est validé par comparaison de leurs propriétés.

3.2 Caractérisation des adsorbants

3.2.1 Caractérisation des argiles

3.2.1.1 Analyse chimique élémentaire

L'analyse chimique élémentaire est une méthode qui permet d'évaluer la composition des échantillons en termes de pourcentage d'oxydes. Les analyses chimiques ont été effectuées à l'ACMELabs (Canada). Les résultats de l'analyse chimique des échantillons bruts et purifiés sodiques sont présentés respectivement dans les tableaux III.1 et III.2.

Chapitre 3 : Résultats et discussions

Tableau III. 1. Analyse chimique des échantillons argileux bruts

Éléments		R3	NKC04	ZS26	ZS23	Référence Mont
SiO_2	%	65,01	39,89	66,97	69,67	60,79
Al_2O_3	%	13,88	6,57	14,19	12,64	19,89
Fe_2O_3	%	6,55	2,82	5,58	5,86	3,80
MgO	%	0,85	11,24	0,84	0,67	2,52
CaO	%	0,32	11,73	0,35	0,24	1,14
Na_2O	%	0,90	1,14	0,58	0,78	2,14
K_2O	%	1,49	0,86	1,45	1,42	0,38
TiO_2	%	0,99	0,27	0,92	0,92	0,16
P_2O_5	%	0,05	0,13	0,03	0,04	0,04
MnO	%	0,11	0,04	0,03	0,1	<0,01
C	%	0,24	4,17	0,34	0,22	0,24
Pertes au feu	%	9,60	25,10	8,8	7,4	8,9
Total	%	99,77	99,80	99,79	99,78	99,80

Tableau III. 2. Analyse chimique des échantillons argileux purifiés sodiques (< 2µm)

Éléments		R3-Na	NKC04-Na	ZS26-Na	Référence Mont-Na
SiO_2	%	44,25	41,46	47,58	59,32
Al_2O_3	%	25,40	11,36	23,10	19,78
Fe_2O_3	%	10,67	5,01	9,15	3,75
MgO	%	1,09	13,89	1	2,52
CaO	%	0,07	4,79	0,1	0,55
Na_2O	%	1,06	0,26	1,61	4,22
K_2O	%	1,36	1,11	1,33	0,24
TiO_2	%	0,94	0,32	0,78	0,15
P_2O_5	%	0,06	0,1	0,03	0,03
MnO	%	0,08	0,05	0,03	<0,01
C	%	0,34	1,72	0,43	0,29
Pertes au feu	%	14,8	21,30	15	9,4
Total	%	99,78	99,65	99,80	99,83

Les résultats obtenus sur les matériaux bruts et purifiés ne sont pas facilement interprétables dans la mesure où l'on ignore à la fois les quantités exactes des minéraux associés aux phyllosilicates argileux et leurs compositions. La comparaison des compositions d'une roche et de la même roche transformée suppose au cours de la transformation l'existence d'un facteur invariant (en général le volume ou le caractère immobile d'un élément tel que l'aluminium). En l'occurrence, les matériaux argileux bruts et purifiés, sont comparés qualitativement sans qu'il y ait de facteur invariant clairement définissable. Cependant certains éléments peuvent être discutés, comme par exemple, la teneur importante en CaO et de MgO dans le cas de l'échantillon NKC04. Ces concentrations sont probablement dues respectivement à la présence de carbonate de calcium ($CaCO_3$) et d'un peu de dolomite. Après purification, la teneur en CaO décroit drastiquement ce qui traduit bien la séparation de phases accessoires comme les carbonates. Ceci est également vrai pour la teneur en SiO_2 qui décroit pour divers échantillons en raison de la séparation granulométrique du quartz.

La Figure III.1 représente la répartition des différents échantillons étudiés dans le système ternaire SiO_2 – Al_2O_3 – $MgO+CaO+K_2O$ dans lequel les pôles purs montmorillonite, illite et kaolinite ont été positionnés.

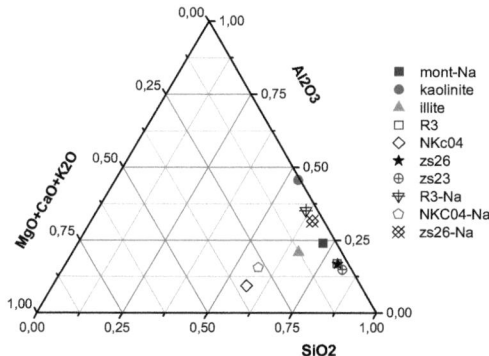

Figure III. 1. Positionnement des échantillons dans le diagramme ternaire SiO2 – Al2O3 – MgO+CaO+K2O. Les poles purs montmorillonite, kaolinite et illite ont été rajoutés.

Le diagramme traduit l'intérêt de la séparation granulométrique puisque l'on constate qu'après purification, les échantillons R3 et ZS26 se situent entre les pôles purs de la kaolinite et de la montmorillonite ce qui suppose donc la présence de smectite en très faible quantité associée à de la kaolinite. Ces résultats doivent être confirmés par diffraction des rayons X. Par contre dans le cas de l'échantillon NKC04, sa répartition dans le système ternaire suppose la quasi absence de minéraux gonflants.

3.2.1.2 Etude par diffraction des rayons X sur l'argile brute et purifiée

3.2.1.2.1 Echantillons brutes (poudre)

La figure III.2, présente les diagrammes pour les échantillons à l'état brut. Dans le but de déterminer la minéralogie complète de chacun des échantillons, les diffractogrammes ont été obtenus à partir de poudres désorientées (placés directement sous forme de poudre dans un porte-échantillon classique). Les minéraux non argileux présents en quantités variables d'un échantillon à l'autre sont principalement du quartz avec des réflexions caractéristiques à $d=3,34\ Å$ et à $d=4,26\ Å$, de la calcite ($d=3,03\ Å$), de la dolomite, du gypse et des feldspaths (cf. Figure 2 et Tableau 3).

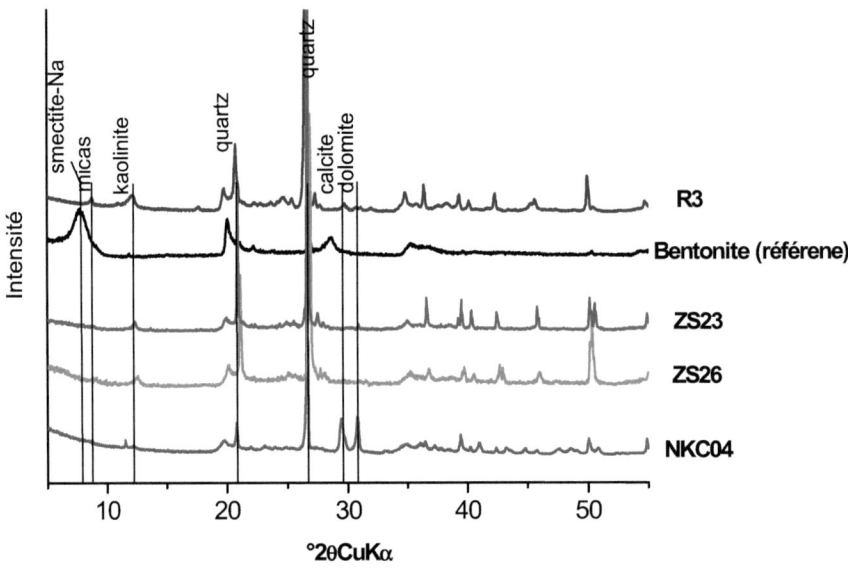

Figure III. 2. Diagrammes de RX sur poudres de bentonite de référence et les échantillons d'argiles bruts de Mauritanie (R3, NKC04, ZS23, et ZS26)

Du point de vue des minéraux argileux, les diffractogrammes de poudres permettent de mettre en évidence surtout la présence de kaolinite, de micas et de l'illite, les échantillons R3 et zs23 étant le plus riche en kaolinite. La présence de smectite n'est pas à exclure mais en très faible quantité.

L'abondance relative des minéraux dans les deux poudres est donnée dans le tableau III.3.

Tableau III. 3 : Abondance relative des minéraux présents dans les poudres par diffraction de rayons X

minéraux	Quartz	Micas	Dolomite	Kaolinite	Calcite	Gypse	Feldspath K	Smectite	Amphibole
NKC04	+++++	+	+++	++	+++	+++	+	-	-
R3	+++++	+++	+	+++	+	-	+	-	+
ZS26	+++++	+	-	++	-		+	++	-
ZS23	+++++	+	-	+++	-		+	+	+
bentonite	++	+		+				+++++	

Pour bien caractériser les phyllosillicates, il faut séparer la fraction argileuse (<2 μm) des autres phases. La séparation de cette fraction a été faite suivant la méthode classique, basée sur le principe de sédimentation différentielle (loi de Stockes) de l'argile et des phases plus denses et plus grossières qui constituent les impuretés. Ensuite, un échange cationique avec Na^+ et Ca^{2+} a été fait pour rendre l'argile homoionique.

3.2.1.2.2   Echantillons purifiés (lames orientées)

La figure III.3 présente les diffractogrammes en lames orientées des différents échantillons échangés par Na^+ et par Ca^{2+} avant et après traitement à l'éthylène glycol.

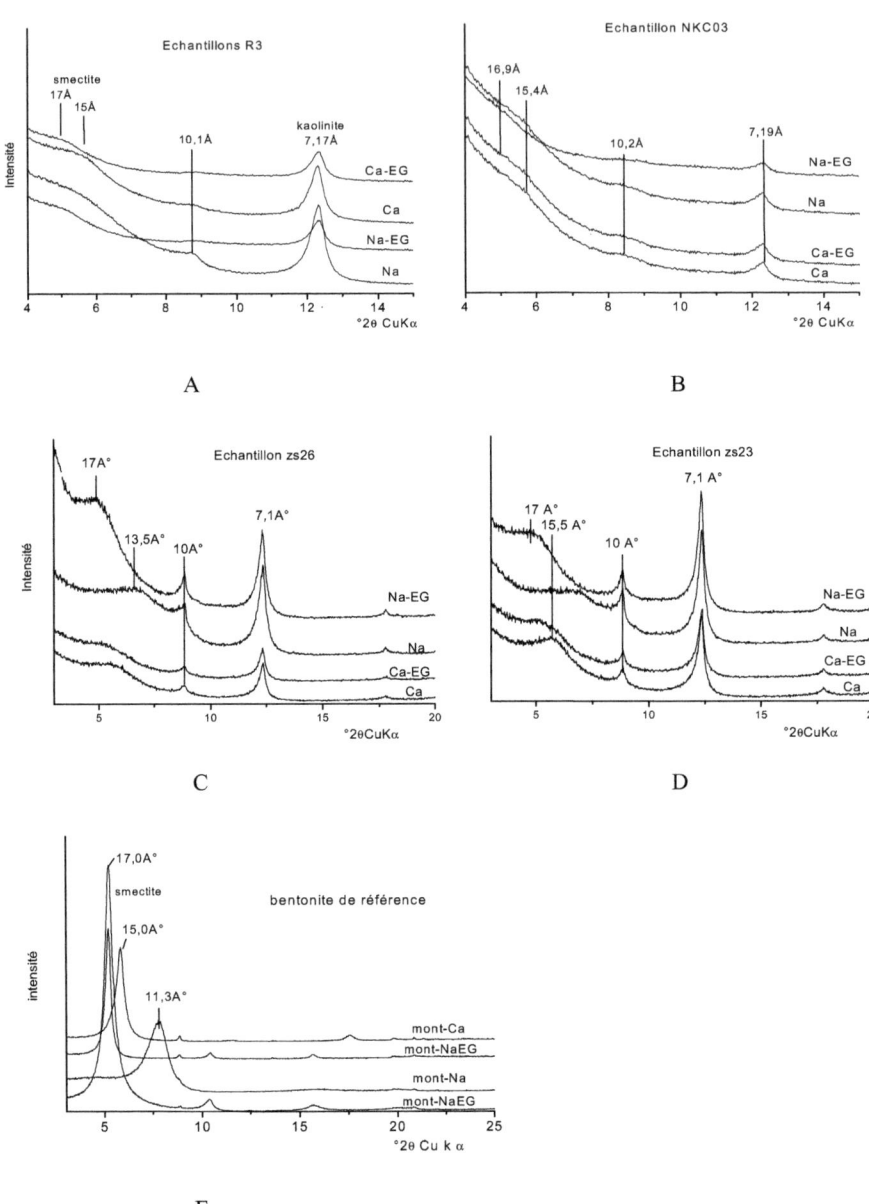

Figure III. 3 : diffractogrammes de rayons X des 4 échantillons R3 (A), NKC03 (B), ZS26 (C), ZS23 (D) et de bentonite de référence (E) en lames orientées après saturations Na, Ca puis traitement à l'éthylène glycol. (EG).

Sur le diagramme de R3 on observe une réflexion qui se situe vers 7,17 Å sur les échantillons purifiés échangés par des ions sodium et calcium. Ce pic n'est pas affecté par le traitement à l'éthylène glycol il correspond à la réflexion *001* d'une phase 1:1 notamment de la kaolinite. Le pic situé vers 10Å est caractéristique de l'illite en faible quantité avec sûrement la présence d'un interstratifié illite/smectite riche en illite situé vers 10,5-11Å, ce qui explique l'asymétrie de ce pic vers les petits angles.

Un pic peu visible qui se situe vers 15 Å est déplacé après le traitement avec l'éthylène glycol vers 17Å. Ce pic est attribué à la smectite présente dans l'échantillon mais en faible quantité. La quantification précise n'est pas réalisée car difficile sur des produit argileux.

Sur le diffractogramme caractéristique d'échantillon NKC03, on constate la présence de kaolinite et d'une phase à 10Å en très faible quantité. Des travaux supplémentaires seraient nécessaires pour la caractériser de manière précise. Dans cet échantillon, la quantité de smectite est très faible (inférieure à celle R3), et est quasi indétectable par diffraction des rayons X.

Dans l'argile ZS26 la présence de smectite est plus visible que dans les autres argiles. Comme pour l'échantillon R3, les pics à 7,1 Å correspondent à une réflexion *001* d'une phase 1:1 notamment de la kaolinite. Cette argile contient une phase illitique importante, la forme dissymétrique des réflexions 001 située à d=10 Å est caractéristique d'une phase en partie interstratifiée illite/smectite.

La composition minéralogique de l'échantillon ZS23 ressemble à celle de l'argile ZS26 l'intensité de la réflexion associée à la kaolinite est plus faible dans le ZS26 en revanche l'intensité des pics associés à la smectite est plus importante, elle est comparable dans le cas des réflexions associées à l'illite.

Les diffractogrammes en lames orientées de la bentonite de référence montrent des pics très intenses caractéristiques de smectite (pic à 12 et 15 Å qui passe à 17Å avec EG), peu d'impuretés (essentiellement quartz) dans cette argile.

3.2.1.3 Mesure de la Capacité d'Echange Cationique (CEC)

La CEC a été déterminée par la méthode de cobaltihexamine et le tableau III. 4 regroupe les résultats obtenus pour les échantillons bruts et purifiés.

Tableau III. 4. Valeurs des CEC des échantillons avant et après purification

	Echantillons bruts (meq/100g)	Echantillons purifiés-Na (meq/100g)
NKC04	28,1	45,9
R3	20,6	32,6
ZS23	17,1	34,9
ZS26	21,4	38,1
Montmorillonite	65,4	65,5

L'examen des résultats montre que les valeurs de CEC pour les échantillons des argiles purifiées échangées par Na^+ sont supérieures à celles des échantillons bruts. Comme la fraction purifiée est plus riche en particule fine et en argile, la phase réactive et donc la CEC, est plus importante. Cela peut être aussi expliqué par un déplacement du sodium par le cobaltihexamine supérieur au reste des cations échangeables. Les CEC des échantillons purifiés sont inférieures à celles généralement admises pour des smectites (80 à 150 meq/100g) et supérieures à celles des kaolinites (1 à 10 meq/100g). Par contre les valeurs trouvées sont comparables avec celles des illites et chlorites (10 à 40 meq/100g) (Jozja 2003) en accord avec les résultats de DRX qui montrent la présence d'une phase illitique dans tous les échantillons étudiés. L'échantillon ZS26 ne présente pas une CEC beaucoup plus importante que les autres échantillons d'argile mauritanienne alors qu'elle présente plus de smectite d'après les DRX.

3.2.2 Conclusion

Les résultats de la caractérisation des argiles étudiées montrent que les argiles naturelles mauritaniennes, ne contiennent pas beaucoup de smectite avec une minéralogie assez complexe et la présence de plusieurs phases argileuses : illite, kaolinite, smectite. La CEC de ces argiles est dans l'ensemble plutôt faible et plus basse que celle de la mont-Na. L'échantillon naturel qui semble être le plus réactif est l'argile référencée « ZS26 ». Cette argile ainsi que l'argile de référence (mont-Na) seront utilisées dans la suite de ces travaux.

Chapitre 3 : Résultats et discussions

3.2.3 Caractérisation des billes

3.2.3.1 Morphologie des billes

Les billes préparées pour cette étude ont été observées au microscope optique. La figure III.4 montre des billes sphériques d'un diamètre d'environ 3 mm pour les billes humides et d'environ 1 mm pour les billes sèches. Ces dimensions sont proches que ce soit pour les billes d'alginate (c, et d) ou pour les billes encapsulant de la montmorillonite (mont-Na). La microscopie optique sera utilisée pour déterminer la dimension des matériaux préparés.

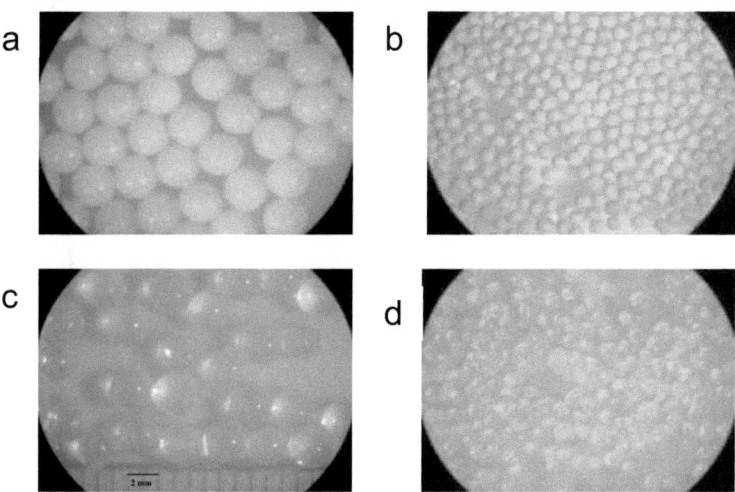

Figure III. 4 : photos des billes a : mont-Na/AS 2/1 humide ; b : mont-Na/AS 2/1 sèche ; c : AS humide ; d : AS sèche

Les billes ont également été observées par microscope électronique environnemental. Le microscope électronique environnemental est un mode de microscopie électronique à balayage permettant d'étudier des échantillons non-conducteurs sans préparation préalable (métallisation déshydratation ou désolvation). L'échantillon peut être mis dans son état naturel à l'intérieur de la chambre d'observation. De même pour les matériaux les plus fragiles, les structures ultra-fines ne sont plus détruites par le faisceau d'électrons. Il permet aussi d'apprécier la surface des billes à des agrandissements jusqu'à plus de 50000 fois avec une précision de mesure relative de 2%. Les observations microscopiques ont été réalisées sur les billes humides et séchées à l'air ambiant (20°C) (laissé une nuit à 60°C avant le passage au microscope). L'observation des billes humides est difficile à réaliser à cause du départ continu d'eau et d'un effet de saturation de la structure. L'observation de billes de mont-Na/AS (rapport 4/1) humide (figure III. 5) montre cette absence de porosité apparente. Le côté intérieur des billes montre une structure relativement homogène comportant cependant à différents endroits des agrégats d'argile. Les observations par la suite ont été réalisées sur des billes séchées à l'air (taux d'humidité inférieur à 14 %)

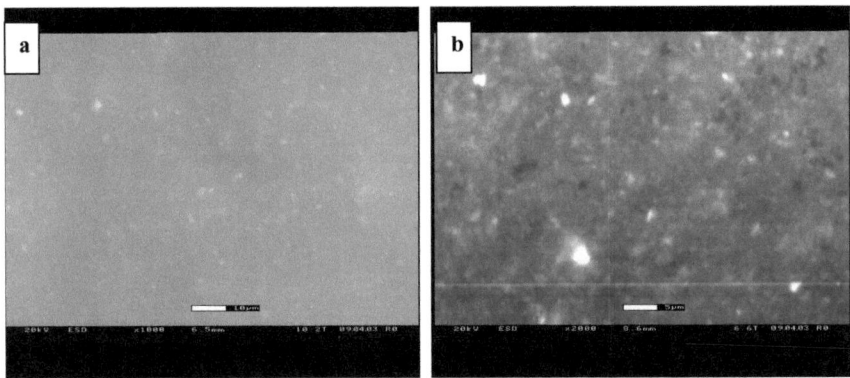

Figure III. 5 : clichés de microscope électronique : billes humides mont-Na/AS 4/1 : a côté extérieur ; b côté intérieur.

Les billes d'alginate séchées à l'air (figure III. 6) présentent une surface lisse comportant cependant des stries. La structure est homogène avec une porosité de surface régulière.

Chapitre 3 : Résultats et discussions

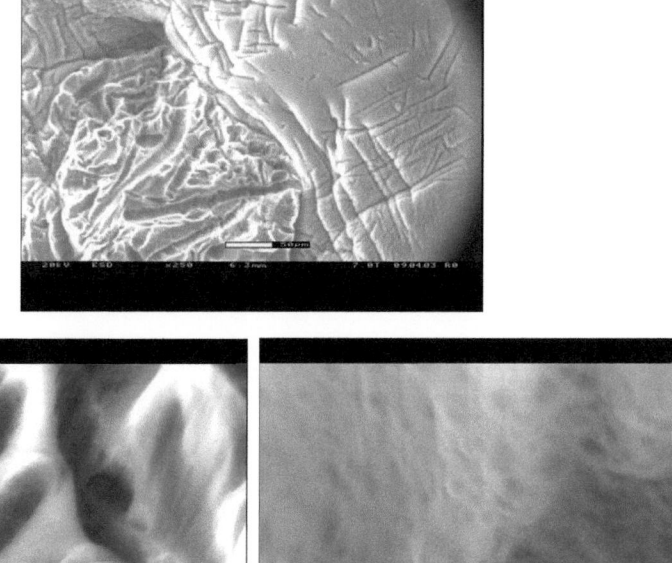

Figure III. 6 : clichés de microscope électronique à différents agrandissements : billes sèches AS.

Les billes composites incluant la montmorillonite échangée (mont-Na/AS) (figure III. 7) ont une structure de surface différente de celle des billes d'alginate pure. Elles comportent une multitude de cavités dues à la présence de la poudre de montmorillonite dont la granulométrie ne dépasse pas 1 µm. On observe une structure similaire à celle d'une éponge avec de nombreuses alvéoles et ceci pour les deux rapports montmorillonite/alginate. L'argile semble parfaitement dispersée dans la bille d'alginate.

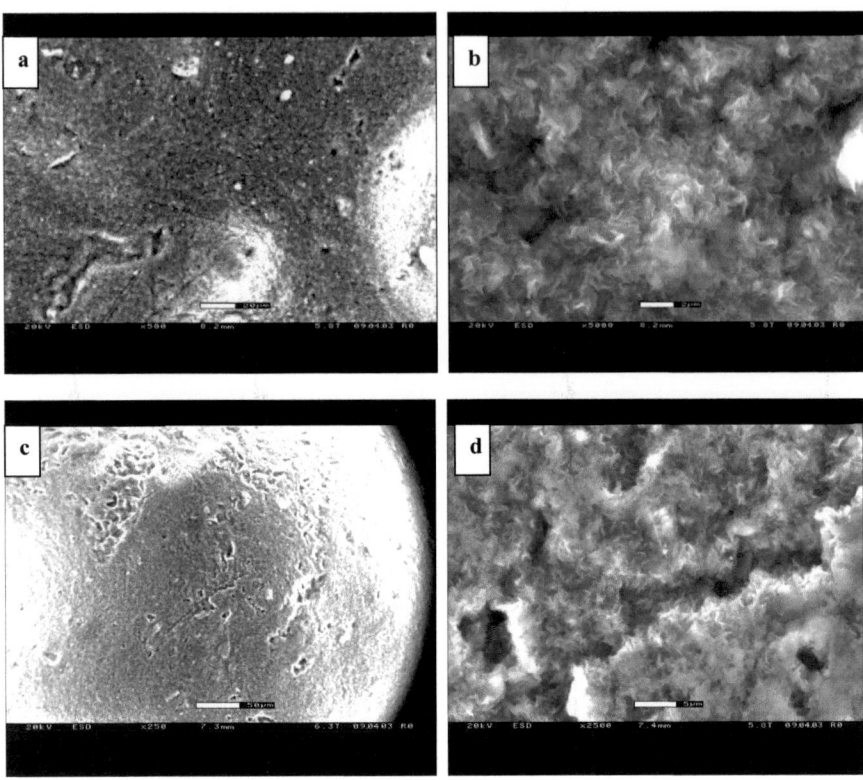

Figure III. 7 : clichés de microscope électronique à différents grossissements sur les billes composites montmorillonite/alginate : a et b billes sèches mont-Na/AS 1/1 ; c et d billes sèches mont-Na/AS 2/1.

Sur la figure III.8, les billes composées d'argile mauritanienne (bille ZS26/AS 1/1) comportent des fissures visibles sur la surface. Elles comportent également des multitudes de cavités et des particules d'argile visibles sur l'image. La plus grande dispersion de taille de l'argile naturelle (ZS26, environ 2µm) donne une structure de surface moins régulière que celle observée avec la montmorillonite commerciale.

Chapitre 3 : Résultats et discussions

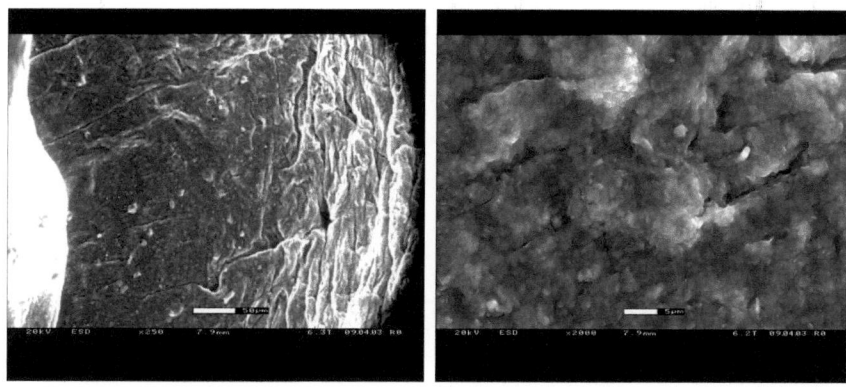

Figure III. 8 : clichés de microscope électronique à différents agrandissements : billes sèches zs26/AS 1/1.

Dans le cas des matériaux incluant du charbon actif (CA-AS), on observe sur la figure III. 9 une surface irrégulière et rugueuse liée à la présence de charbon de taille micrométrique dans les billes ; Jodra et al, (2003) observent un aspect similaire pour des billes d'alginate encapsulant du charbon actif. La dispersion du charbon dans la structure semble cependant régulière.

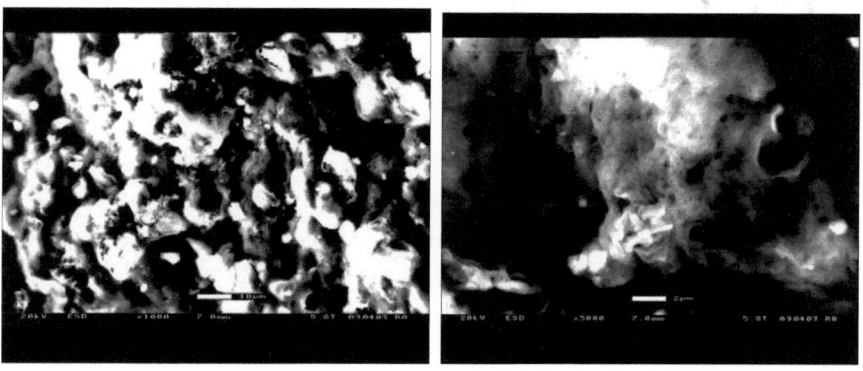

Figure III. 9 : clichés de microscope électronique à différents grandissements : billes sèches CA-AS 1/1.

69

3.2.3.2 Taille, densité et comportement au séchage

Les diamètres des billes sont obtenus à partir du traitement de photographies numériques. Les résultats obtenus ainsi que la densité apparente et le taux de gonflement des billes sont reportés dans le tableau III.5.

Tableau III. 5 : Densités apparentes, diamètres et taux d'humidité

Billes		Densité apparent (g/cm^3)	Diamètre (mm)	Taux d'humidité TH (%)
AS				
0/1	sèche	1,67	0,92 ± 0,07	14
	humide	1,01	2,92 ± 0,11	97,5
Mont-Na/AS (g/g)				
4/1	sèche	1,98	1,23 ± 0,05	8
	humide	1,05	3,25 ± 0,09	92,8
2/1	sèche	1,90	1,08 ± 0,07	10
	humide	1,03	3,10 ± 0,09	94,8
1/1	sèche	1,85	1,04 ± 0,11	12
	humide	1,02	3,02 ± 0,10	95,9
CA-AS (g/g)				
2/1	sèche	1,36	1,14 ± 0,08	22,9
	humide	1,01	2,63 ± 0,14	92,9
1/1	sèche	1,16	0,98 ± 0,06	20,5
	humide	1,01	2,56 ± 0,08	95,1

Les billes sont relativement homogènes en taille ; la taille augmente légèrement lorsque les billes encapsulent une plus grande quantité de mont-Na ou de charbon actif (CA). La diminution du diamètre au cours du processus du séchage à l'air ambiant (20°C) est de 64% avec une perte de masse de 90-96%. Le diamètre diminue significativement après 24 h de séchage à l'air (environ 20°C) comme le montre la figure III. 10 et reste constant après 72h.

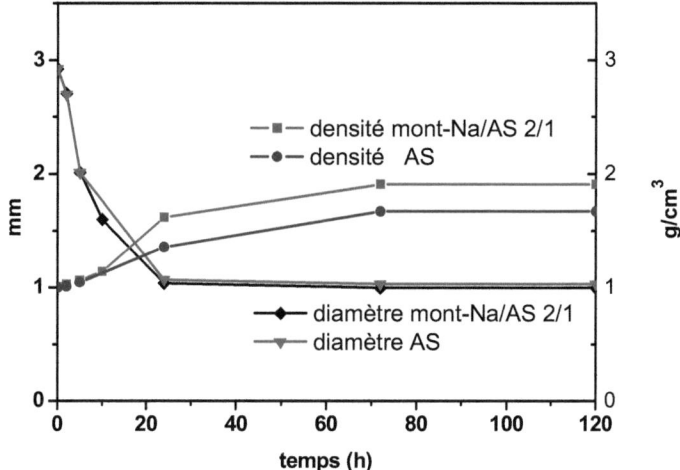

Figure III. 10 : évolution de la densité et du diamètre des billes au cours du séchage à 20°C

La transformation des billes après séchage à 60°C est décrite comme irréversible, principalement en raison de la rigidité de la matrice réticulée par les ions calcium (Fundueanu et al. 1999). De même, Rassis et al., (2002) observent lors du séchage de gels d'alginate de calcium contenant de la bentonite une densification notable du matériau, avec des pores de petite taille. La quantité d'eau contenue dans les structures séchées à l'air est faible avec environ 10% dans les billes encapsulant des argiles mais de l'ordre de 20% pour les billes de charbon actif, une partie de cette eau étant intégrée dans la porosité du charbon actif.

3.2.3.3 Stabilité thermique des matériaux préparés (ATD – ATG)

Les figures III.11 (a) et (b) présentent les courbes obtenues par analyse thermique différentielle (ATD) et thermogravimétrique (ATG) de la poudre de mont-Na, de billes sèches d'alginate (AS) et de billes sèches composites mont-Na/AS. En général, la décomposition thermique de polysaccharides suit les processus qui incluent la désorption d'eau physiquement absorbée, l'élimination de l'eau structurelle (réactions de déshydratation), la dépolymérisation accompagnée par la rupture des liaisons C-O et C-C dans les unités d'anneau aboutissant à la libération de CO, CO_2 et H_2O et finalement à la formation de structures polycycliques aromatiques et graphitique carboniques (Parikh et al. 2006).

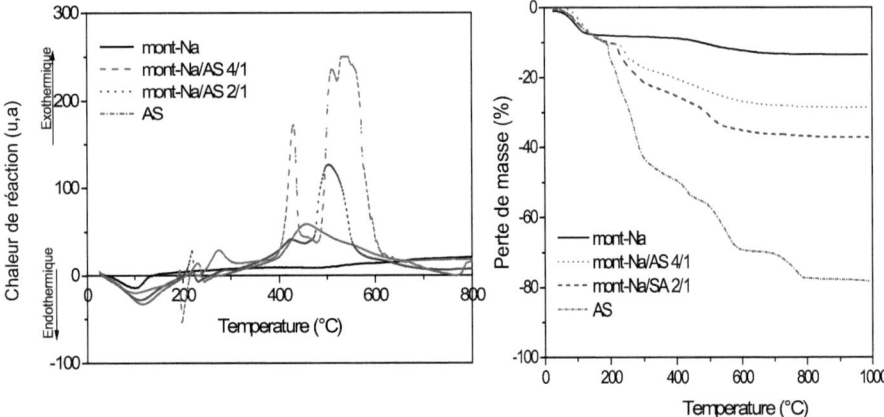

Figure III. 11 : (a) courbes d'analyses thermiques différentielles (ATD) et (b) courbes d'analyses thermogravimétriques (ATG) de mont-Na billes sèches AS et mont-Na/AS.

Les courbes thermogravimétriques montrent que la dégradation réelle des polymères commence après la perte d'environ 10% d'eau dans les billes AS et mont-Na/AS et la température initiale de décomposition est proche de 200°C. L'encapsulation de mont-Na avec l'alginate augmente la stabilité thermique des billes. Ceci peut être attribué à la haute stabilité thermique des argiles et à l'interaction entre les particules d'argile et la matrice polymérique (Chang et al. 2003). Les pertes de masse totales enregistrées à 800°C sont respectivement de 13%, 28% et 78% pour le mont-Na, les billes mont-Na/AS 4/1 et les billes AS. Ces valeurs de perte de masse des billes d'alginate sont en accord avec les données de la littérature (Cheong et al. 2008). Les deux pics exothermiques autour de 430 et 520°C sur les courbes ATD sont liés à une étape supplémentaire dans la dégradation thermique des alginates. Selon Cheong et al., (2008), cette dégradation conduit à la formation de Na_2CO_3.

3.2.3.4 Analyse infrarouge

Sur la figure III.12 sont présentés les spectres d'absorption infra rouge de l'argile (mont-Na), des billes d'alginate (AS) et des billes mixtes mont-Na/AS. De fortes et larges bandes à 3416 (cm-1) sont observées dans le cas des alginates incluant ou non des argiles. Elles correspondent à la vibration de valence des groupements –OH caractéristiques des polysaccharides naturels.

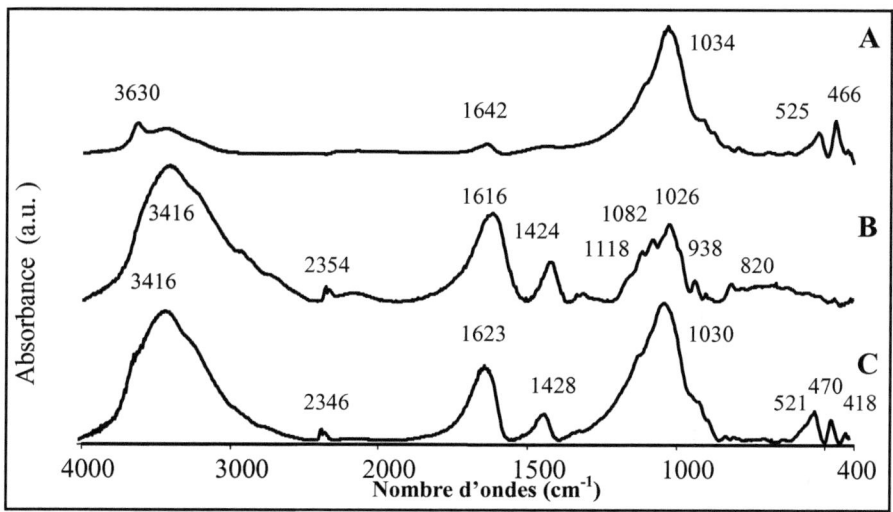

Fig. III. 12 : Spectres IR-TF du (A) mont-Na ; (B) AS et (C) mont-Na/AS 2/1

Le spectre des billes mixtes (Na-mont/SA 2/1) fait apparaître un ensemble de bandes à 1623 cm^{-1}, 1428 cm^{-1} caractérisant la liaison carboxylate asymétrique/symétrique et à 1118 cm^{-1} caractérisant la vibration de liaison -C-O du groupe éther ; ces bandes sont attribuées à l'alginate. Les bandes à 1034 cm^{-1} (vibration de liaison Si-O-Si), 525 cm^{-1} et 465 cm^{-1} (liaison Si-O) peuvent être associées à la structure de la montmorillonite. D'après ces résultats, nous pouvons donc déduire qu'il n'y a pas de réaction entre les deux matériaux, la mont-Na et alginate, qui conservent leurs principaux groupes fonctionnels.

3.2.4 Conclusion

Les billes préparées ont été caractérisées par différentes méthodes. Des billes sphériques relativement homogènes en taille ont été obtenues. Leur diamètre est d'environ 3 mm pour les billes humides et environ de 1 mm pour les billes séchées à l'air (20°). L'observation par microscope électronique environnemental des billes d'alginate montre une structure lisse en surface et un système poreux peu visible. Dans le cas de l'encapsulation d'argiles, la porosité des matériaux est régulière et apparaît similaire à celle d'une éponge. La répartition des matériaux dans la structure d'alginate semble relativement homogène. Le suivi du comportement des billes au cours du séchage montre que le processus de séchage est accompagné par une diminution de la taille et une restructuration importante des billes. Les résultats de l'analyse thermique montrent que l'encapsulation de mont-Na avec l'alginate augmente la stabilité thermique des billes. Enfin l'analyse infra rouge confirme l'absence de réaction entre le deux matériaux encapsulés à savoir l'argile et l'alginate.

3.3 Etude de l'adsorption sur une argile commerciale encapsulée

3.3.1 Cinétiques d'adsorption

3.3.1.1 Comportement cinétique

3.3.1.1.1 Cuivre

La figure III.13 présente les cinétiques d'adsorption de Cu^{2+} par des billes d'alginate humides et sèches et par de la montmorillonite encapsulée dans des proportions variables (mont-Na). Les courbes représentent la quantité de cuivre adsorbée sur le solide en fonction du temps pour une concentration initiale de 50 mg.L^{-1}.

Chapitre 3 : Résultats et discussions

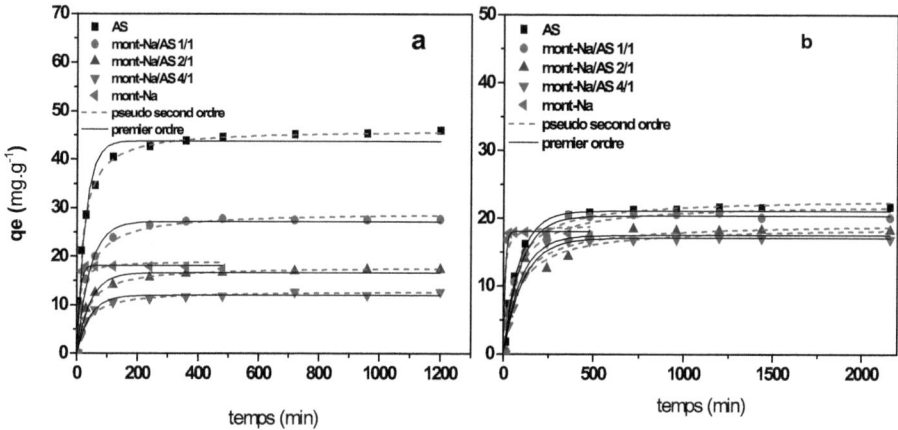

Figure III. 13 : cinétique de Cu^{2+} sur (a) billes humides et mont-Na ; (b) billes sèches et mont-Na: $[Cu^{2+}]$ = 50 mg.L^{-1} volume de la solution =100ml masse sèche = 0,25g et volume des billes humides = 5 ml

La première partie de la cinétique révèle une adsorption rapide, la majorité de la fixation est réalisée dans les 200 premières minutes pour l'adsorption de cuivre sur les billes humides et dans les 500 premières minutes pour l'adsorption sur billes sèches. Ensuite la quantité adsorbée évolue plus lentement jusqu'à l'équilibre. En comparaison, l'adsorption de cuivre sur le mont-Na se fait d'une manière quasi instantanée l'équilibre est atteint au bout de quelques minutes et correspond à un échange ionique rapide. L'adsorption est plus rapide sur les billes humides. Bhattacharyya et al., (2006) considèrent que l'équilibre d'adsorption du cuivre en solution sur une montmorillonite-Na est atteint après 240 minutes. Dans le cas des billes d'alginate pures, Lim et al., (2007) rapportent des temps d'équilibre de l'ordre de trois heures lors de l'adsorption de cuivre sur des billes sèches. D'autre part, lors des travaux effectués avec des billes d'alginates humides, Gotoh et al., (2004) ont montré que le rendement maximal d'adsorption du cuivre est atteint après une demi-heure de contact.

3.3.1.1.2   4-nitrophenol

Les cinétiques d'adsorption du 4-nitrophénol sur différents matériaux (billes humides, billes sèches, mont-Na) sont comparées sur la figure III.14. La concentration initiale en 4-NP est de 20 mg.L^{-1}. Les résultats cinétiques montrent que l'adsorption de 4-NP est très rapide sur la mont-Na et les billes d'alginate humides avec respectivement un équilibre atteint en 1 heure et en trente minutes. Le temps nécessaire pour avoir l'équilibre pour l'adsorption du 4-NP sur les billes composites mont-Na/AS humides est d'environ quatre heures. Le temps d'équilibre augmente avec la quantité d'argile encapsulée.

Sur les billes d'alginate sèches (b), le temps d'équilibre est augmenté avec une adsorption en deux heures du 4-NP. Le temps d'équilibre est d'environ vingt quatre heures.

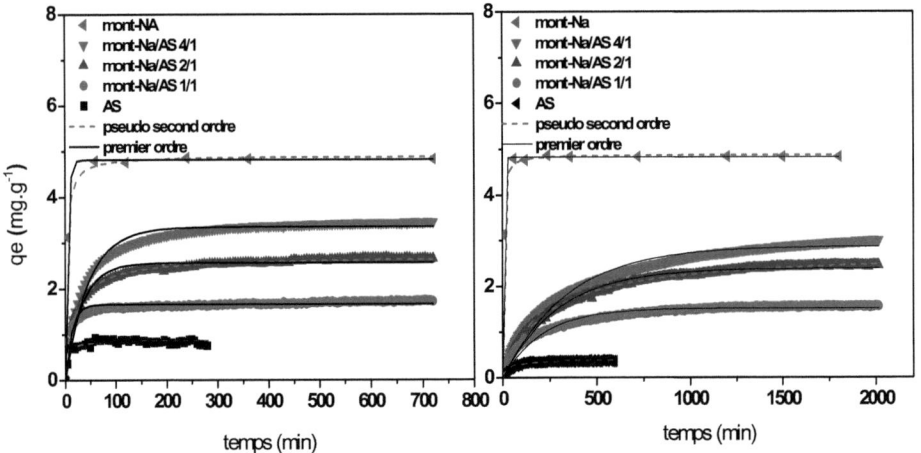

Figure III. 14 : cinétique de 4-NP sur (a) billes humides et mont-Na, (b) billes sèches et mont-Na [4-NP] = 20 mg.L^{-1} volume de la solution =100ml masse sèche = 0,25g et volume des billes humides = 5 ml

Les temps nécessaires pour atteindre l'équilibre lors de l'adsorption du Cu^{2+} et du 4-NP par le mont-Na et les matériaux composites sont proches de ceux reportés dans la littérature pour des synthèses similaires. Par exemple, pour l'adsorption du *p*-chlorophénol et du *para*-nitrophénol (4-NP) sur de la bentonite, le temps d'équilibre est de deux heures avec une adsorption très rapide durant les trente premières minutes (Akçay et al. 2004). D'une manière globale, le temps d'équilibre pour l'adsorption sur les billes composites varie en fonction du matériau encapsulé dans l'alginate, selon la nature des billes (sèches ou humides) et selon le composé adsorbé.

3.3.1.2   Modélisation de la cinétique

3.3.1.2.1   Description de la cinétique générale

Plusieurs modèles cinétiques sont disponibles pour mieux comprendre le comportement des adsorbants, et examiner les mécanismes contrôlant l'adsorption. Les données expérimentales de l'adsorption de Cu^{2+} et du 4-NP ont été examinées en utilisant un modèle de premier ordre et un modèle de pseudo second ordre (Ho et al. 1999). Ces modèles dépendent des réactions d'adsorption et en particulier de la diffusion intraparticulaire.

Les résultats de la modélisation des données expérimentales de la cinétique d'adsorption du Cu^{2+} et du 4-NP sur les billes humides et sur la montmorillonite sont présentés dans le tableau III.6. Les constantes cinétiques ainsi que les coefficients de corrélation sont obtenus par régression non linéaire.

Tableau III. 6 : Paramètres cinétiques de l'adsorption de Cu^{2+} et de 4-NP sur billes humides et mont-Na

	Matériaux adsorbants	Pseudo premier ordre		Pseudo second ordre	
		k_1 (min^{-1})	R^2	k_2 (mg.g^{-1} min^{-1})	R^2
Cu^{2+}	AS	0,0364 ± 0,0038	0,97	0,0012 ± 0,0003	0,99
	Mont-Na/AS 1/1	0,0235 ± 0,0020	0,98	0,0011 ± 0,0001	0,98
	Mont-Na/AS 2/1	0,0229 ± 0,0023	0,98	0,0017 ± 0,0002	0,98
	Mont-Na/AS 4/1	0,0233 ± 0,0023	0,98	0,0024 ± 0,0003	0,98
	Mont-Na	0,1049 ± 0,0203	0,96	0,082 ±0,023	0,98
4-NP	AS	0,124 ± 0,012	0,87	0,300 ± 0,052	0,85
	Mont-Na/AS 1/1	0,079 ± 0,003	0,89	0,092 ± 0,003	0,97
	Mont-Na/AS 2/1	0,0306 ± 0,001	0,90	0,020 ± 0,001	0,99
	Mont-Na/AS 4/1	0,0217 ± 6.10^{-4}	0,95	0,010 ± 0,001	0,99
	Mont-Na	0,209±0,004	0,99	0,073 ± 0,004	0,99

L'ajustement de deux modèles sur les points expérimentaux de l'adsorption du Cu2+ sur les adsorbants ont abouti à des coefficients de corrélation compris entre 0,96 et 0,98 pour le modèle pseudo premier ordre et entre 0,98 et 0,99 pour le modèle pseudo second ordre avec en général un meilleur ajustement dans le dernier cas. Le second ordre par rapport à la quantité adsorbable avant l'équilibre peut être expliqué par une limite cinétique qui n'est plus strictement limitée par le transfert mais également par des réactions de surface. Un double mécanisme de diffusion dans la structure de gel et d'échange d'ions a été proposé pour décrire la cinétique d'adsorption sur les billes (Chen et al. 1993) ; (Karagunduz et al. 2006) avec une cinétique du Cu^{2+} sur le mont-Na gouvernée par de l'échange ionique (Karamanis et al. 2007). Comme pour le cuivre, le modèle de pseudo second ordre décrit convenablement le processus d'adsorption de 4-NP sur les matériaux à l'exception des données relatives à l'adsorption sur les billes d'alginates. D'après la littérature, une meilleure description des données expérimentales par le modèle pseudo second ordre indique que le processus d'adsorption est gouverné par la chimisorption impliquant des forces de valence par partage ou échange d'électrons.

3.3.1.2.2 Diffusion intraparticulaire

3.3.1.2.2.1 Généralités

La technique la plus communément utilisée pour identifier les mécanismes impliqués dans l'adsorption est l'approche proposée par Weber et Moris, 1967. A partir des données expérimentales, et en particulier du graphique $qt = f(t^{1/2})$, la courbe est linéaire si la diffusion intraparticulaire est impliquée dans les phénomènes de fixation de l'élément adsorbé. De plus, si cette droite passe par l'origine, alors la vitesse de diffusion intraparticulaire est l'étape limitante de l'interaction.

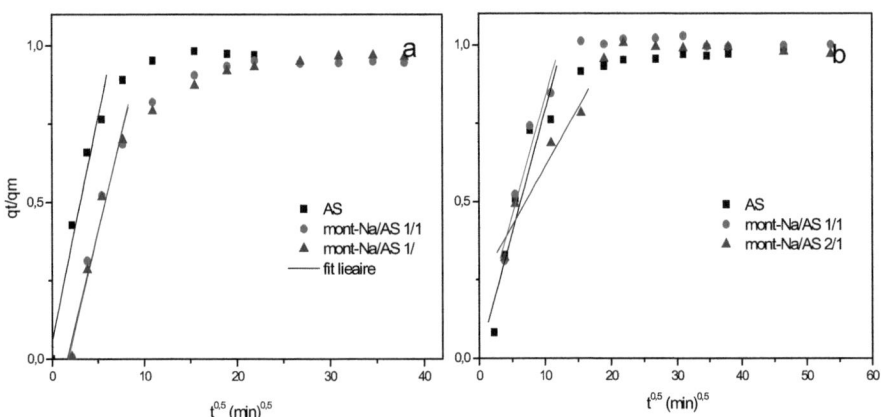

Figure III. 15. Application du modèle de diffusion intraparticulaire pour l'adsorption du Cu^{2+} sur (a) les billes humides (b) les billes sèches.

Les résultats obtenus dans le cas de l'adsorption de Cu2+ sur les billes AS et mont-Na/AS humides et sèches (figure III.15), montrent que les courbes sont linéaires sur des zones très limitées et les droits tracés ne passent pas par l'origine exceptée dans les billes d'alginate. Donc on peut en déduire que si la diffusion est impliqué dans le processus cinétique, elle ne constitue pas l'étape limitante et que les modifications progressives des propriétés du gel modifie le coefficient de diffusion.

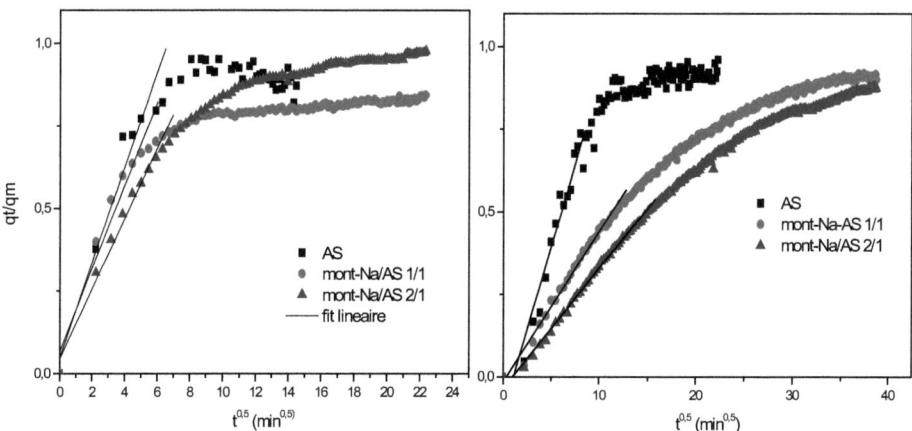

Figure III. 16. Application du modèle de diffusion intraparticulaire pour l'adsorption du 4-NP sur (a) billes humides (b) billes sèches.

Dans le cas de l'adsorption de 4-NP la diffusion intraparticulaire est beaucoup plus impliquée dans le processus cinétique et les courbes obtenues (figure III. 16) sont linéaires pendant la première partie de l'adsorption et dans un intervalle important notamment pour les billes sèches que dans le cas du cuivre. La substitution du Ca^{2+} par le cuivre modifie probablement la structure du gel alors que l'adsorption du 4-NP ne fait pas ou peu appel à de l'échange d'ions.

La diffusion du Cu^{2+} et 4-NP dans les microcapsules a été calculée en utilisant la théorie de Cranck développée dans le chapitre I. Deux méthodes sont utilisées pour calculer les coefficients de diffusion avec une résolution de l'équation au début de l'adsorption (concentration faible dans le solide) et à la fin de l'adsorption. Les valeurs des coefficients de diffusions obtenues sont rassemblées dans le tableau III.7 pour le cuivre et dans le tableau III.8 pour le 4-NP).

3.3.1.2.2.2   Cuivre

Comme pour les valeurs des constantes cinétiques, les coefficients de diffusion de l'adsorption de Cu^{2+} sur les billes humides pour les différents ratios argile/alginate (tableau III. 7) sont relativement constants. La diffusion est plus rapide au début de l'adsorption ce qui peut être dû à l'accès aux sites actifs en périphérie de la bille en début de cinétique et à une structure différenciée entre la surface et le cœur de la bille (densité). Lorsque la quantité d'ions Cu^{2+} fixée sur les billes augmente, la diffusion doit se faire au cœur de la bille avec une diffusion plus lente. En d'autres termes, la diffusion serait moins rapide vers les sites les moins accessibles. De plus, la cinétique est probablement dépendante du transfert externe en fin d'adsorption.

Tableau III. 7 : Coefficient de diffusion obtenue pour l'adsorption de Cu^{2+} par les billes humides

Billes humides	Diamètre (mm)	Début d'adsorption $\frac{q_t}{q_0} \leq 0,3$		Fin d'adsorption $\frac{q_t}{q_0} \geq 0,7$	
		Di (cm².s⁻¹)	R^2	Di (cm².s⁻¹)	R^2
AS	2,92 ± 0,11	4,30×10⁻⁷	0,99	1,33×10⁻⁷	0,93
Mont-Na/AS 1/1	3,02 ± 0,10	3,25×10⁻⁷	0,92	1,65×10⁻⁷	0,94
Mont-Na/AS 2/1	3,10 ± 0,09	2,95×10⁻⁷	0,98	1,46×10⁻⁷	0,96
Mont-Na/AS 4/1	3,25 ± 0,09	3,83×10⁻⁷	0,92	1,56×10⁻⁷	0,95

Les coefficients de diffusion calculés par Lagoa et al., (2009) pour du cuivre dans les billes sèches sont de l'ordre de $1,5 \times 10^{-8}$ cm²s⁻¹. Par contre, les valeurs obtenues pour les coefficients de diffusion dans les billes d'alginate humides sont de l'ordre de $3,5 \times 10^{-6}$ cm²s⁻¹ et sont supérieurs à ceux obtenus dans cette étude ; cette différence de résultats peut être attribuée à la concentration de la solution d'alginate de 2% contre 1% dans ce travail. En effet Chen et al., (1993) ont appliqué un autre modèle de diffusion : le modèle linéaire d'adsorption (MLA) pour la diffusion du Cu^{2+} dans le gel d'alginate, ils ont montré que le coefficient de diffusion était fortement dépendant de la concentration de solution de départ d'alginate dans les billes. En utilisant les données de Chen et al., (1993) un nouveau calcul du coefficient de diffusion a été fait par Lewandowski et al., (1994) mais la valeur reste inférieure à celle de Chen et al., (1993).

3.3.1.2.2.3   4-nitrophénol

Malgré une quantité adsorbée très faible sur les billes d'alginate par rapport à l'argile, le 4-NP diffuse plus rapidement dans les billes d'alginate que dans les billes composites (tableau III. 8). L'analyse des coefficients de corrélations montre que le modèle décrit mieux le processus de diffusion sur les billes composites que sur les billes d'alginate, le 4-NP est diffusé dans le gel d'alginate pour accéder aux sites actifs sur le mont-Na qui est le principal adsorbant.

Tableau III. 8 : Coefficient de diffusion obtenu pour l'adsorption de 4-NP sur les billes humides

Billes humides	Diamètre (mm)	Début d'adsorption $\frac{q_t}{q_0} \leq 0,3$		Fin d'adsorption $\frac{q_t}{q_0} \geq 0,7$	
		Di (cm².s^{-1})	R^2	Di (cm².s^{-1})	R^2
AS	2,92 ± 0,11	8,23×10^{-7}	0,95	3,60×10^{-7}	0,83
Mont-Na/AS 1/1	3,02 ± 0,10	7,06×10^{-7}	0,97	2,69×10^{-7}	0,91
Mont-Na/AS 2/1	3,10 ± 0,09	4,15×10^{-7}	0,98	1,95×10^{-7}	0,96
Mont-Na/AS 4/1	3,25 ± 0,09	3,32×10^{-7}	0,99	2,23×10^{-7}	0,97

La comparaison des valeurs des coefficients de diffusion calculés au début et à la fin de l'adsorption montre que comme pour le cuivre, la diffusion de 4-NP est plus rapide en début d'adsorption.

3.3.1.3   Influence du séchage

La cinétique d'adsorption sur les billes sèches est nettement plus lente dans les deux cas, Cu^{2+} et 4-NP, (tableau III.9) quel que soit le matériau adsorbant. Les constantes sont de 20 à 30 % inférieures à celles déterminées sur les matériaux humides. Les observations précédentes concernant la restructuration importante des billes suite au séchage (perte de 30 à

50% d'eau), avec une diminution marquée du diamètre, permettent d'envisager une limitation de la diffusion au sein de la structure des matériaux.

Tableau III. 9 : Paramètres cinétiques de l'adsorption de Cu^{2+} et de 4-NP sur billes sèches

	Matériaux adsorbants	Pseudo seconde ordre	
		K_2 (mg.g^{-1} min^{-1})	R^2
Cu^{2+}	AS	0,00067 ± 0,00009	0,98
	Mont-Na/AS 1/1	0,00064 ± 0,00012	0,97
	Mont-Na/AS 2/1	0,00066 ± 0,00016	0,96
	Mont-Na/AS 4/1	0,00063 ± 0,00015	0,96
4-NP	AS	0,080 ± 0,004	0,95
	Mont-Na/AS 1/1	0,0042 ± 0,0005	0,99
	Mont-Na/AS 2/1	0,0016 ± 0,0001	0,99
	Mont-Na/AS 4/1	0,0011 ± 0,0001	0,99

Les coefficients de diffusion pour l'adsorption sur les billes sèches ont été calculés de la même façon que pour l'adsorption sur les billes humides. Les résultats sont présentés dans les tableaux III.10 et III.11 respectivement pour l'adsorption du cuivre et de 4-NP. Les coefficients de diffusion du Cu^{2+} dans les billes sèches (tableau III.10) sont 10 fois inférieures à celles obtenues pour l'adsorption de Cu^{2+} sur billes humides en accord avec les constantes cinétiques. On remarque que la diffusion est plus rapide en début d'adsorption, comme c'est le cas pour l'adsorption sur les billes humides.

Tableau III. 10 : Coefficient de diffusion obtenu pour l'adsorption de Cu^{2+} sur les billes sèches

Billes sèches	Diamètre (mm)	Début d'adsorption $\frac{q_t}{q_0} \leq 0,3$		Fin d'adsorption $\frac{q_t}{q_0} \geq 0,7$	
		Di (cm².s^{-1})	R^2	Di (cm².s^{-1})	R^2
AS	0,92 ± 0,075	2,66×10^{-8}	0,93	1,57×10^{-8}	0,92
Mont-Na/AS 1/1	1,04 ± 0,11	3,32×10^{-8}	0,98	2,28×10^{-8}	0,97
Mont-Na/AS 2/1	1,08 ± 0,07	1,64×10^{-8}	0,93	1,38×10^{-8}	0,98
Mont-Na/AS 4/1	1,23 ± 0,05	3,97×10^{-8}	0,96	2,94×10^{-8}	0,92

Dans le cas de l'adsorption de 4-NP par les billes sèches les vitesses de diffusion au début et à la fin d'adsorption sont comparables. Les coefficients de diffusion du 4-NP dans les billes sèches (tableau III. 11) sont inférieurs à ceux obtenus pour l'adsorption de 4-NP sur les billes humides. Cette diminution accrue de la vitesse de diffusion est due à la transformation du gel d'alginate réticulé (Fundueanu et al. 1999) et à une diffusion difficile du dérivé phénolé dans la structure qui est de plus grande taille que le cuivre.

Tableaux III. 11 : Coefficient de diffusion obtenu pour l'adsorption de 4-NP sur les billes sèches

Billes sèches	Diamètre (mm)	Début d'adsorption $\frac{q_t}{q_0} \leq 0,3$		Fin d'adsorption $\frac{q_t}{q_0} \geq 0,7$	
		Di (cm².s⁻¹)	R^2	Di (cm².s⁻¹)	R^2
AS	0,92 ± 0,075	27,7×10⁻⁹	0,92	18,2×10⁻⁹	0,90
Mont-Na/AS 1/1	1,04 ± 0,11	8,86×10⁻⁹	0,99	6,39×10⁻⁹	0,98
Mont-Na/AS 2/1	1,08 ± 0,07	5,92×10⁻⁹	0,99	5,91×10⁻⁹	0,97
Mont-Na/AS 4/1	1,23 ± 0,05	6,50×10⁻⁹	0,99	5,75×10⁻⁹	0,99

3.3.1.4 Influence de rapport mont-Na/AS (tableaux III. 7, 8, 10 et 11)

Les expériences de cinétique montrent des différences de comportement concernant l'adsorption du Cu^{2+} en fonction de la fraction de mont-Na dans les billes. La cinétique sur la mont-Na est plus rapide que sur les alginates (tableau III.6) et les constantes cinétiques augmentent très légèrement avec la fraction de mont-Na dans les matériaux composites. La diffusion du cuivre n'est pas par contre significativement modifiée par la fraction d'argile encapsulée.

La cinétique d'adsorption du 4-NP sur les billes est diminuée lorsque la proportion d'argile augmente. L'adsorption du 4-NP se fait préférentiellement sur l'argile avec une cinétique plus lente que sur l'alginate. Cette combinaison justifierait la réduction de la cinétique avec la proportion d'argile dans les billes. Comme pour le cuivre, les variations observées sur le coefficient de diffusion ne semblent pas être significatives.

3.3.1.5 Influence de la taille des billes

Afin d'observer l'influence de la taille des billes sur les cinétiques d'adsorption du cuivre et du 4-NP, des billes d'alginate (AS) ainsi que des billes composites mont-Na/AS ont été préparées avec trois diamètres différents. Dans le tableau II.12, sont présentés les paramètres du modèle de pseudo 2nd ordre pour le cuivre. On constate une augmentation de la vitesse d'adsorption avec la diminution de la taille des particules. Par exemple, pour les billes AS de diamètre 2,45 mm la constante k_2 est de 3.10^{-3} mg.g^{-1} min^{-1} contre une valeur de k_2 de 6.10^{-4} mg.g^{-1} min^{-1} pour un diamètre des billes de 4,45 mm.

Tableau III. 12 : Paramètres cinétiques de l'adsorption de Cu^{2+} sur des billes humides AS et mont-Na/AS de différentes tailles

Billes humides	Diamètre (mm)	Pseudo seconde ordre	
		k_2 (mg.g^{-1} min^{-1})	R^2
AS	2,45 ± 0,14	0,0030 ± 0,0001	0,99
	2,92 ± 0,11	0,0012 ± 0,0003	0,99
	4,45 ± 0,16	0,0006 ± 0,0001	0,97
Mont-Na/AS 1/1	2,58 ± 0,09	0,0044 ± 0,0002	0,99
	3,02 ± 0,10	0,0011 ± 0,0001	0,98
	4,62 ± 0,22	0,0015 ± 0,0002	0,98
Mont-Na/AS 2/1	2,58 ± 0,12	0,0060± 0,0004	0,99
	3,10 ± 0,09	0,0017 ± 0,0002	0,98
	4,85 ± 0,19	0,0016 ± 0,0002	0,98

Comme pour le cuivre, l'augmentation du diamètre diminue la constante cinétique d'adsorption du 4 NP sur les différents matériaux (tableau III.13). La surface spécifique diminue par unité de masse d'adsorbant avec l'augmentation du diamètre. Ainsi la constante cinétique d'adsorption exprimée par unité de masse est logiquement diminuée.

Tableau III. 13 : Paramètres cinétiques de l'adsorption de 4-NP sur des billes humides AS et mont-Na/AS de différentes tailles

Billes humides	Diamètre (mm)	Pseudo seconde ordre	
		k_2 (mg.g^{-1} min^{-1})	R^2
AS	2,45 ± 0,14	0, 151 ± 0,011	0,91
	2,92 ± 0,11	0,300 ± 0,052	0,85
	4,45 ± 0,16	0, 068 ± 0,002	0,97
Mont-Na/AS 1/1	2,58 ± 0,09	0,067 ± 0,002	0,96
	3,02 ± 0,10	0,088 ± 0,002	0,97
	4,62 ± 0,22	0,0259 ± 0,0007	0,97
Mont-Na/AS 2/1	2,58 ± 0,12	0,0199 ± 0,0007	0,95
	3,10 ± 0,09	0,020 ± 0,001	0,99
	4,85 ± 0,19	0,0110 ± 0,0002	0,99

Les coefficients de diffusion augmentent légèrement avec la taille mais le calcul des coefficients en début d'adsorption sont particulièrement imprécis étant donné le nombre des points limités par une cinétique rapide. Le même calcul effectué en fin d'adsorption montre par contre une augmentation très marqué du Di.

Tableau III. 14 : Coefficient de diffusion obtenue pour l'adsorption de Cu $^{2+}$ sur des billes humides AS et mont-Na/AS de différentes tailles

Billes humides	Diamètre (mm)	Début d'adsorption $\frac{q_t}{q_0} \leq 0,3$		Fin d'adsorption $\frac{q_t}{q_0} \geq 0,7$	
		Di (cm².s⁻¹)	R^2	Di (cm².s⁻¹)	R^2
AS	2,45 ± 0,14	6,37×10⁻⁷	0,84	1,77×10⁻⁷	0,90
	2,92 ± 0,11	4,30×10⁻⁷	0,99	1,33×10⁻⁷	0,93
	4,45 ± 0,16	6,80×10⁻⁷	0,98	3,95×10⁻⁷	0,92
Mont-Na/AS 1/1	2,58 ± 0,09	4,94×10⁻⁷	0,98	0,393×10⁻⁷	0,91
	3,02 ± 0,10	3,25×10⁻⁷	0,92	1,65×10⁻⁷	0,94
	4,62 ± 0,22	5,38×10⁻⁷	0,97	3,78×10⁻⁷	0,93
Mont-Na/AS 2/1	2,58 ± 0,12	4,34×10⁻⁷	0,94	1,46×10⁻⁷	0,95
	3,10 ± 0,09	2,95×10⁻⁷	0,98	1,46×10⁻⁷	0,96
	4,85 ± 0,19	5,20×10⁻⁷	0,97	3,08×10⁻⁷	0,96

Cependant une étude menée sur l'adsorption du cuivre sur des billes d'alginate 2% a montré qu'une variation du diamètre des particules de 2,32 à 3,67 mm n'avait aucune incidence sur la diffusion, (Nussbaum 2008).

Tableau III. 15: Coefficient de diffusion obtenu pour l'adsorption de 4-NP sur des billes humides AS et mont-Na/AS 1/1 de différentes tailles

Billes humides	Diamètre (mm)	Début d'adsorption $\frac{q_t}{q_0} \leq 0,3$		Fin d'adsorption $\frac{q_t}{q_0} \geq 0,7$	
		Di (cm².s⁻¹)	R^2	Di (cm².s⁻¹)	R^2
AS	2,45 ± 0,14	4,46×10⁻⁷	0,96	2,28×10⁻⁷	0,89
	2,92 ± 0,11	8,23×10⁻⁷	0,95	3,60×10⁻⁷	0,83
	4,45 ± 0,16	12,36×10⁻⁷	0,98	4,03×10⁻⁷	0,88
Mont-Na/AS 1/1	2,58 ± 0,09	4,67×10⁻⁷	0,98	1,68×10⁻⁷	0,91
	3,02 ± 0,10	7,06×10⁻⁷	0,97	2,69×10⁻⁷	0,91
	4,62 ± 0,22	12,51×10⁻⁷	0,97	4,51×10⁻⁷	0,98
Mont-Na/AS 2/1	2,58 ± 0,12	3,09×10⁻⁷	0,96	1,04×10⁻⁷	0,98
	3,10 ± 0,09	4,15×10⁻⁷	0,98	1,95×10⁻⁷	0,96
	4,85 ± 0,19	6,92×10⁻⁷	0,99	3,97×10⁻⁷	0,97

Comme avec le cuivre, les coefficients de diffusion du 4-NP lui augmentent avec l'augmentation de la taille des billes. Il semblerait donc que la structure ne soit pas identique en fonction de la taille ou que la réticulation soit modifiée. Cependant des mesures du taux de gonflement ne montrent pas de différences avec le changement de taille. Ainsi, en fonction de la taille de la particule, comme ce qui a été observé en début et en fin d'adsorption, le mécanisme de diffusion n'est pas le même et peut être interprété comme une modification du milieu concerné par la diffusion.

3.3.1.6 Conclusion

L'étude des cinétiques d'adsorption du cuivre et du 4-nitrophenol par la montmorillonite, billes d'alginate et billes composites alginate / montmorillonite a montré que pour le cuivre la cinétique sur la mont-Na est plus rapide que sur les alginates (tableau III.6) et les constantes cinétiques augmentent très légèrement avec la fraction de mont-Na dans les matériaux composites. La cinétique d'adsorption du 4-NP sur les billes est diminuée lorsque la proportion d'argile augmente. L'adsorption du 4-NP se fait préférentiellement sur l'argile avec une cinétique plus lente que sur l'alginate. Cette combinaison justifierait la réduction de la cinétique avec la proportion d'argile dans les billes. La cinétique d'adsorption sur les billes sèches est nettement plus lente dans les deux cas, Cu^{2+} et 4-NP, (tableau III.9) quel que soit le matériau adsorbant. L'augmentation de la taille des billes augmente les coefficients de diffusion ce qui indique que la structure tridimensionnelle n'est pas identique en fonction de la taille des particules.

3.3.2 Etudes des isothermes d'adsorption

3.3.2.1 Résultats d'adsorption

Le temps d'équilibre a été choisi sur la base des résultats des cinétiques d'adsorption de deux polluants par les billes et la mont-Na.

3.3.2.1.1 Cuivre

Les isothermes d'adsorption du Cu^{2+} par les billes humides et la mont-Na sont présentées sur la figure III.17 et celles de l'adsorption du Cu^{2+} sur les billes sèches et mont-Na sont présentées sur la figure III. 18.

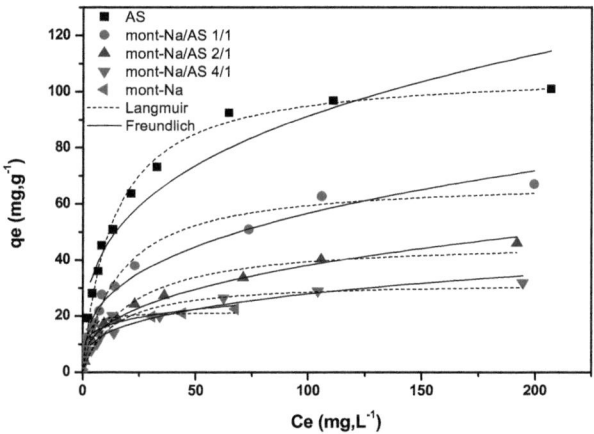

Figure III. 17 : Isotherme de Cu^{2+} sur billes humides et mont-Na ([Cu^{2+}] entre 10 et 300 mg.L^{-1} ; volume de la solution =100ml masse sèche = 0,25g et masse des billes humides = 5g)

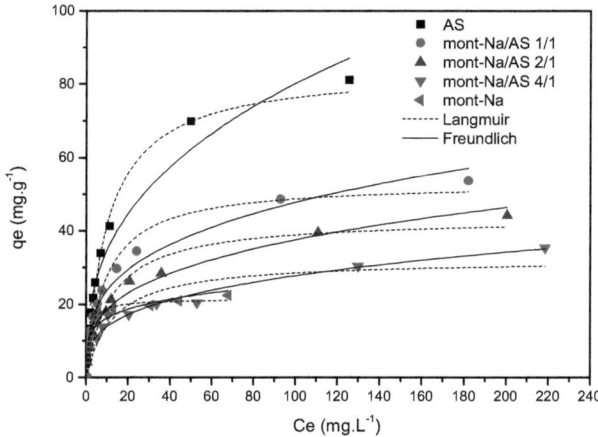

Figure III. 18 : Isotherme de Cu2+ sur billes sèches et mont-Na ([Cu2+] entre 10 et 300 mg.L-1 ; volume de la solution =100ml ; masse sèche = 0,25g)

Chapitre 3 : Résultats et discussions

Les isothermes d'adsorption sur les différents matériaux ont la même allure (figures III.17 et III.18). Elles correspondent à des isothermes de type L qui traduit une affinité décroissante pour la substance. Une séquence basée sur la capacité d'adsorption du cuivre suit l'ordre décroissant suivant : billes AS> billes mont-Na/AS 1/1> billes mont-Na/AS 2/1> billes mont-Na/AS 4/1> mont-Na. Dans le cas du gel d'alginate, les microcapsules ont plusieurs charges négatives du fait de la dissociation des groupes carboxyles (le pH du milieu réactionnel est d'environ 5 qui est supérieur au pKa des acides carboxyliques qui est d'environ 4,5) favorable à l'adsorption de l'ion cuivrique. Ce constat est soutenu par le résultat obtenu lors de l'analyse par IR des billes d'alginate (figure III.6), qui montre que l'encapsulation n'affecte pas les groupes carboxyliques responsables de l'adsorption des cations divalents.

3.3.2.1.2   4-nitrophenol

Les isothermes d'adsorption du 4-NP sur les billes humides et sur les billes sèches et mont-Na sont présentées respectivement sur les figures III.19 et III.20. L'allure des courbes est quasi linéaire ce qui traduit une affinité constante, la saturation n'est pas atteinte, mais on peut toutefois estimer la valeur de la quantité adsorbée à l'aide des modèles.

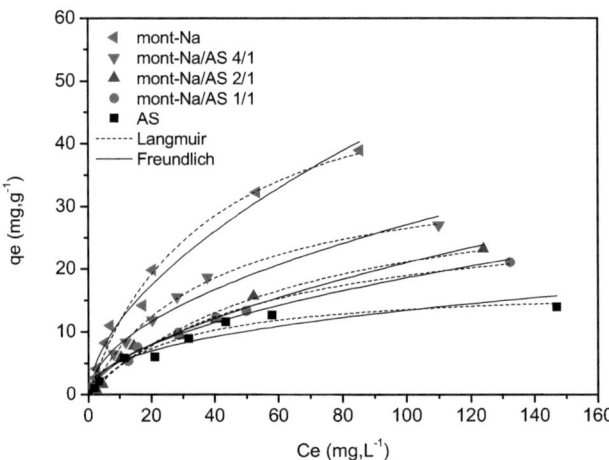

Figure III. 19 : Isotherme de 4-NP sur billes humides et mont-Na ([4-NP] entre 10 et 200 mg.L-1 ; volume de la solution =100ml ; masse sèche = 0,25g et masse des billes humides = 5g)

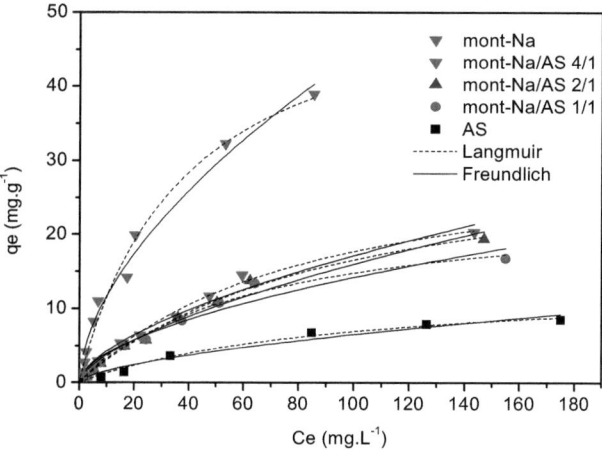

Figure III. 20 : Isotherme de 4-NP sur billes sèches et mont-Na ([4-NP] entre 10 et 200 mg.L^{-1} ; volume de la solution =100ml ; masse sèche = 0,25g)

Le 4-NP présente une affinité plus grande pour la montmorillonite que pour les alginates. Les mécanismes d'interaction entre le 4-NP et l'argile ont été évoqués. Par exemple Johnston et al, (2002) suggèrent que l'adsorption des composés nitro-aromatiques est attribuée à deux types d'interaction de surface : non spécifique, interaction de van der Waals entre les parties neutres de l'espèce organique adsorbée et la surface siloxane d'argiles ; et les sites d'interaction spécifique entre les cations et les substituants organiques portant une charge atomique partielle négative.

On constate cependant que l'augmentation du rapport mont-Na dans les billes composites n'améliore pas la capacité d'adsorption. L'argile encapsulée ne serait donc pas totalement accessible et l'augmentation de la quantité n'entrainerait pas une augmentation proportionnelle de matériau adsorbant disponible. Une mauvaise dispersion de l'argile pourrait expliquer la faible augmentation de l'adsorption.

3.3.2.2 Modélisation des isothermes

Parmi les différents modèles d'adsorption disponibles dans la littérature, deux d'entre eux ont été appliqués pour décrire les résultats expérimentaux, les modèles de Langmuir et de Freundlich.

3.3.2.2.1 Modèle de Langmuir

D'après le tableau III.16 le modèle de Langmuir décrit de façon satisfaisante les données expérimentales concernant l'adsorption du cuivre : les coefficients de corrélation sont compris entre 0,96 et 0,99 pour l'adsorption du cuivre sur les différents adsorbants. Il traduit une adsorption localisée sur des sites d'adsorption répartis de manière homogène. On constate un meilleur ajustement (figure III.17 et III.18) du modèle de Langmuir sur les résultats expérimentaux obtenus avec les billes d'alginate que sur les composites mont-Na/AS. Ceci est peut être dû a une plus grande hétérogénéité des sites de fixation du cuivre sur les billes composites. Le modèle de Langmuir reliant K_L à l'affinité de l'adsorbat pour les sites de fixation de l'adsorbant, les valeurs de K_L (tableau III.16) indiquent que l'affinité des ions Cu^{2+} est relativement homogène sur l'ensemble des matériaux. L'adsorption du cuivre sur les billes sèches est largement inférieure à celle observée sur les billes humides.

Tableau III. 16 : Valeurs des paramètres de Langmuir pour l'adsorption de Cu^{2+} sur les billes et le mont-Na

	Adsorbants	Cu^{2+}		
		q_{max} (mg.g^{-1})	K_L (L.mg^{-1})	R^2
Humides	AS	107,47 ± 2,10	0,075± 0,005	0,99
	Mont-Na/AS 1/1	68,67 ± 3.11	0,064 ± 0,009	0,97
	Mont-Na/AS 2/1	47,05 ± 2.28	0,050 ± 0,007	0,97
	Mont-Na/AS 4/1	32,12 ± 1,78	0,078 ± 0,014	0,96
Sèches	AS	84,08 ± 2,78	0,098± 0,009	0,98
	Mont-Na/AS 1/1	53,16 ± 2,45	0,108 ± 0,016	0,97
	Mont-Na/AS 2/1	43,47 ± 2,29	0,085 ± 0,014	0,96
	Mont-Na/AS 4/1	32,15 ± 2,87	0,079 ± 0,025	0,98
	Mont-Na	21,48 ± 0,74	0,72 ± 0,12	0,97

Dans le tableau III.17 sont présentées les valeurs des paramètres de Langmuir calculés pour l'adsorption du 4-NP sur les différents adsorbants. Les coefficients de corrélations obtenus pour tous les adsorbants sont satisfaisants. La comparaison entre la valeur de constante de Langmuir K_L dans le cas de l'adsorption de 4-NP sur les billes AS humides et sèches montre une valeur de K_L beaucoup plus faible dans le cas des billes d'alginate sèches : 0,007 L.mg^{-1} contre une valeur de K_L de 0,03 (L.mg^{-1}) pour les billes AS humide. Ceci traduit moins d'affinité du 4-NP vis-à-vis des billes sèches par rapport aux billes humides. La faible affinité du 4-NP pour les sites présents sur les billes AS sèche est due à la restructuration des billes après le séchage avec une diffusion beaucoup plus difficile dans le matériau.

Tableau III.17 : Valeurs des paramètres de Langmuir pour l'adsorption de 4-NP sur les billes et le mont-Na

	Adsorbants	4-NP		
		q_{max} (mg.g^{-1})	K_L (L.mg^{-1})	R^2
Humides	AS	19,79 ± 1,73	0,030 ± 0,006	0,97
	Mont-Na/AS 1/1	29,55 ± 1,48	0,017 ± 0,002	0,99
	Mont-Na/AS 2/1	36,18 ± 3,78	0,014 ± 0,002	0,98
	Mont-Na/AS 4/1	37,13 ± 1,01	0,025 ± 0,001	0,99
Sèches	AS	13,58 ± 1,54	0,007 ± 0,001	0,99
	Mont-Na/AS 1/1	24,71 ± 1,71	0,015 ± 0,002	0,98
	Mont-Na/AS 2/1	31,84 ± 2,09	0,010 ± 0,001	0,99
	Mont-Na/AS 4/1	32,52 ± 1,94	0,012 ± 0,001	0,99
	Mont-Na	55,76 ± 4,31	0,026 ± 0,004	0,98

3.3.2.2.2 Modèle de Freundlich

L'analyse des coefficients de détermination montre que le modèle de Freundlich décrit correctement les isothermes d'adsorption du cuivre sur les différents adsorbants (tableau III. 18), sauf pour l'adsorption du Cu^{2+} sur les billes d'alginate humides et sur la mont-Na où les mécanismes d'échanges d'ions sont rapide et l'adsorption passe par une saturation des sites. En d'autres termes, l'application de ce modèle reste restreinte aux milieux dilués et il est peu adapté au mécanisme d'échange d'ions que l'on observe dans le cas des alginates et du cuivre.

Tableau III. 18 : Valeurs des paramètres de Freundlich adsorption de Cu^{2+} sur les billes et le mont-Na

Adsorbants		Cu^{2+}		
		1/n	K_F ($mg^{1-1/n}.L^{1/n}.g^{-1}$)	R^2
Humides	AS	0,31 ± 0,03	21,78 ± 3,21	0,92
	Mont-Na/AS 1/1	0,34 ± 0,02	11,76 ± 1,29	0,97
	Mont-Na/AS 2/1	0,36 ± 0,02	7,02 ± 0,55	0,98
	Mont-Na/AS 4/1	0,31 ± 0,03	6,54 ± 0,86	0,94
Sèches	AS	0,36 ± 0,03	15,12 ± 1,61	0,96
	Mont-Na/AS 1/1	0,29 ± 0,02	12,01± 0,23	0,97
	Mont-Na/AS 2/1	0,30 ± 0,02	9,26 ± 0,76	0,97
	Mont-Na/AS 4/1	0,29 ± 0,02	6,98 ± 0,59	0,97
	Mont-Na	0,19 ± 0,02	10,35 ± 0,80	0,92

Les valeurs des coefficients de corrélations élevées obtenues dans le cas de l'adsorption du Cu^{2+} sur les billes mixtes sont en accord avec le fondement du modèle de Freundlich qui implique une hétérogénéité de surface avec la présence de sites relatifs aux alginates et à la montmorillonite.

Tableau III. 19 : Valeurs des paramètres de Freundlich adsorption de 4-NP sur les billes et le mont-Na

Adsorbants		4-NP		
		1/n	K_F ($mg^{1-1/n}.L^{1/n}.g^{-1}$)	R^2
Humides	AS	0,43 ± 0,07	2,01 ± 0,61	0,90
	Mont-Na/AS 1/1	0,52 ± 0,03	1,62 ± 0,24	0,98
	Mont-Na/AS 2/1	0,60 ± 0,04	1,31 ± 0,27	0,97
	Mont-Na/AS 4/1	0,52 ± 0,05	2,38 ± 0,48	0,96
Sèches	AS	0,83 ± 0,08	0,13 ± 0,05	0,96
	Mont-Na/AS 1/1	0,56 ± 0,06	1,07 ± 0,23	0,95
	Mont-Na/AS 2/1	0,63 ± 0,05	0,85 ± 0,18	0,97
	Mont-Na/AS 4/1	0,60 ± 0,04	1,03 ± 0,20	0,97
	Mont-Na	0,57 ± 0,03	3,07 0± 0,45	0,98

Le modèle de Freundlich décrit convenablement les données expérimentales de l'adsorption du 4-NP sur le mont-Na et sur les billes composites mont-Na/AS avec des coefficients de corrélation supérieurs 0,95. Il décrit de façon moins satisfaisante l'adsorption de 4-NP par les billes d'alginates humides avec un coefficient de corrélation de 0,90. Les billes composites mont-Na/AS ont des paramètres 1/n proches de ceux du mont-Na et l'on peut considérer que l'encapsulation n'affecte pas l'affinité de la mont-Na vis-à-vis du 4-NP.

3.3.2.3 Additivité des adsorbants

Choix du modèle

Dans le cas de matériaux composites un modèle basé sur l'additivité de l'adsorption imputable à chacun des matériaux (alginate, mont-Na) est proposé. Les courbes de l'adsorption théoriques peuvent être tracées en additionnant point par point les capacités de deux matériaux. Le modèle de Langmuir qui permet une bonne description des deux composés sur les deux matériaux (argile et alginate) a été utilisé pour ces calculs.

$$q_{théorique} = \frac{q_{m_{mont-Na}} k_{L_{mont-Na}} C_e}{1 + k_{L_{mont-Na}} C_e} + \frac{q_{m_{AS}} k_{L_{AS}} C_e}{1 + k_{L_{AS}} C_e}$$

3.3.2.3.1 Additivité de la capacité d'adsorption de Cu^{2+} sur les billes composite

Les résultats des isothermes d'adsorption expérimentales comparés aux courbes théoriques calculées sont présentés dans la figure III.21 pour les billes humides et sur la figure III.22 pour les billes sèches.

Chapitre 3 : Résultats et discussions

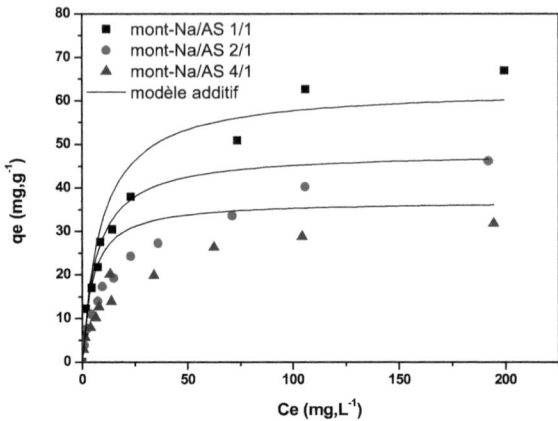

Figure III. 21 : Additivité de la capacité d'adsorption de Cu^{2+} sur les billes composite humides

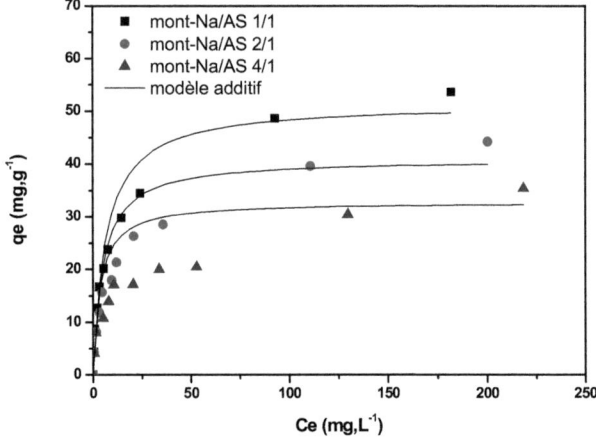

Figure III. 22 : Additivité de la capacité d'adsorption de Cu^{2+} sur les billes composite sèches

On constate que l'additivité de l'adsorption est respectée pour les concentrations élevées mais surestime l'adsorption pour les faibles concentrations à l'équilibre. L'additivité

Chapitre 3 : Résultats et discussions

de l'adsorption du Cu^{2+} sur les billes humides et sèches est globalement respectée lorsque l'on s'approche de la saturation. A faible concentration, il apparaît cependant que la contribution de l'alginate ou de l'argile à l'adsorption n'est pas totale. L'argile en particulier n'est peut être pas totalement accessible par diffusion et avec de faibles gradients de concentration entre le liquide et la surface du solide, la cinétique ne permet peut être pas d'atteindre l'équilibre avec la partie centrale de la bille. On remarque cependant que le séchage ne modifie pas les observations.

3.3.2.3.2 Additivité de la capacité d'adsorption de 4-NP sur les billes composites

Le modèle d'additivité ne reproduit pas les données expérimentales obtenues avec le 4-NP comme la montre les figures III. 23 et III.24. Contrairement aux résultats obtenus avec le cuivre, on remarque que l'adsorption de 4-NP sur les billes humides (figure III. 23) ne respecte pas les règles d'additivité, hormis pour les concentrations les plus faibles et dans le cas des billes humides (figure III.23). L'encapsulation limite l'accès à une partie importante de la surface de la montmorillonite avec une diminution de 20 à 50% de l'adsorption. La déshydratation et la modification de la structure de l'alginate par le séchage amplifient ce phénomène. Dans le cas des faibles concentrations, la surface externe est suffisante pour assurer l'équilibre d'adsorption et la limitation quantitative est moins marquée qu'aux concentrations élevées.

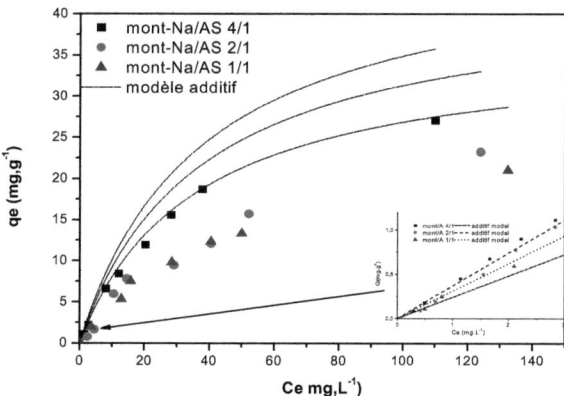

Chapitre 3 : Résultats et discussions

Figure III. 23 : Additivité de la capacité d'adsorption de 4-NP sur les billes composite humides

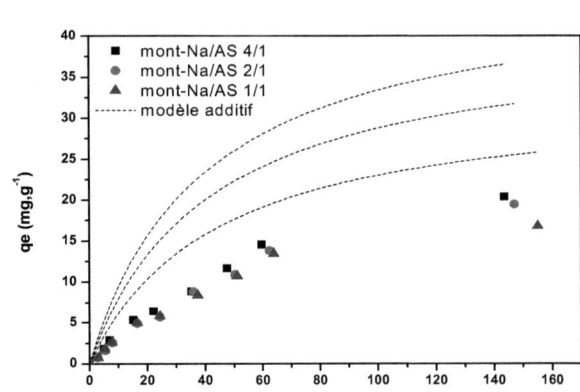

Figure III. 24 : Additivité de la capacité d'adsorption de 4-NP sur les billes composites sèches

3.3.2.4 Conclusion

La construction des isothermes d'adsorption du cuivre et de 4-NP par les billes de différentes formulations et le mont-Na a permis de déterminer les capacités d'adsorption des matériaux adsorbants.

La capacité d'adsorption du cuivre suit l'ordre décroissant suivant : billes AS> billes mont-Na/AS 1/1> billes mont-Na/AS 2/1> billes mont-Na/AS 4/1> mont-Na. Le cuivre interagit essentiellement avec les fonctions carboxylates portées par l'alginate.

Les capacités d'adsorption maximum de 4-NP enregistrées pour les différentes formulations de billes sont inférieures à la capacité enregistrée pour le mont-Na. L'augmentation du rapport mont-Na/alginate dans les billes composites améliore logiquement la capacité d'adsorption de 4-NP mais reste cependant faible avec un problème d'accès à l'argile lorsqu'elle est encapsulée.

La modélisation des isothermes expérimentales montre que pour l'adsorption du cuivre par les billes d'alginate pure (AS) et le mont-Na, la meilleure description des données expérimentales est obtenue avec le modèle de Langmuir en accord avec les deux structures chimiques et un modèle d'échange d'ions avec les sites homogènes d'adsorption. La description de l'adsorption du cuivre par les billes composites (mont-Na/AS) par le modèle de Freundlich est satisfaisant à cause de l'hétérogénéité des sites d'interaction et à des modèles d'interactions moins spécifiques.

La comparaison des résultats des isothermes d'adsorption aux résultats calculés en cumulant les adsorptions théoriques du Cu^{2+} ou de 4-NP sur les masses de chacun des matériaux (alginate, mont-Na) montre que l'additivité de la capacité d'adsorption de deux matériaux est vérifiée dans la cas de l'adsorption du cuivre à forte concentration. Par contre, dans le cas de l'adsorption du 4-NP l'additivité n'est pas vérifié. L'encapsulation provoque le blocage d'une partie de la surface de la montmorillonite pour l'accès du 4-NP.

3.3.3 Adsorption compétitive du Cu^{2+} et du 4-NP

3.3.3.1 Adsorption compétitive sur la montmorillonite

L'adsorption dans des conditions de traitement d'effluents se fait avec des phénomènes de compétition entre les polluants. Cette étude sur un mélange binaire est d'autant plus importante que les résultats précédents montrent que les deux solutés envisagés (métaux et phénol) sont préférentiellement adsorbés sur un des supports. Sur la figure III.25 sont présentés les isothermes d'adsorption du Cu^{2+} sur mont-Na sans ou en présence d'une concentration de 100 et 200 mg.L^{-1} de 4-NP. On constate que la présence de 4-NP n'a pratiquement aucun effet sur l'adsorption du Cu^{2+} sur le mont-Na.

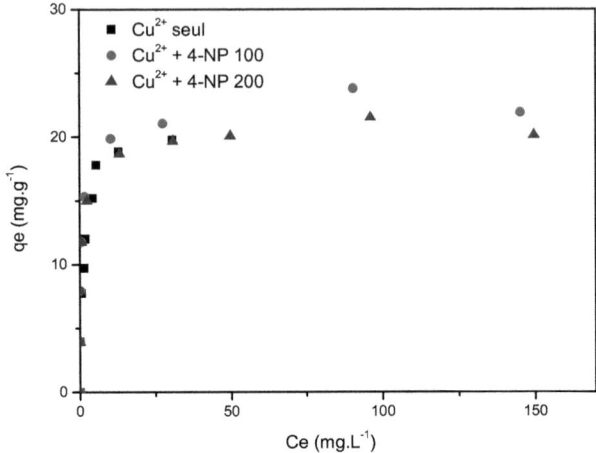

Figure III. 25 : Isotherme de Cu^{2+} sur Na-mont avec ou sans compétition avec le 4-NP

La figure III.26 permet de comparer les isothermes d'adsorption du 4-NP seul ou en présence du Cu^{2+}. On constate dans ce cas une nette diminution de l'adsorption de 4-NP sur le mont-Na en présence de cuivre à des concentrations de 50 ou de 100 mg.L^{-1}. Pei et al., (2006) ont observé un effet similaire lors de l'étude de l'adsorption compétitive du cuivre sur l'adsorption du 4-NP sur deux types de sols. Ils considèrent que dans le milieu aqueux, la large sphère d'hydratation du cuivre diminue par encombrement les sites d'adsorption accessible au 4-NP. En outre, les éléments métalliques avec leur sphère d'hydratation fortement polarisés modifient le pKa du 4-nitropnénol.

Haderlein et al., (1993) ont observé des effets semblables de cations échangeables sur l'adsorption des composés nitroaromatiques. En présence de cations fortement hydratés (par exemple, Na$^+$, Mg^{2+}, etc.), aucune adsorption spécifique significative de composés de nitroaromatiques n'a été observée, tandis que pour les cations faiblement hydratés (par exemple, K$^+$, Cs$^+$) l'adsorption des composés nitroaromatiques n'est pas modifiée.

Chapitre 3 : Résultats et discussions

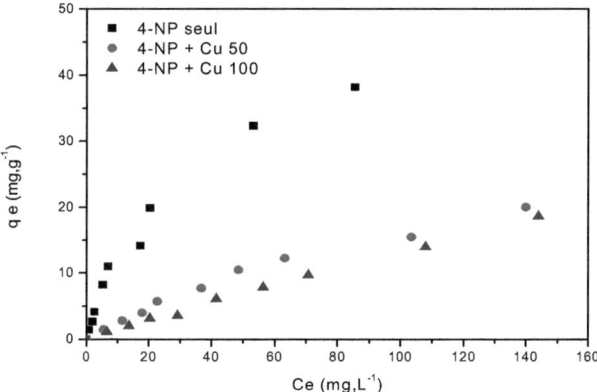

Figure III. 26 : Isothermes de 4-NP sur Na-mont avec ou sans compétition avec le Cu^{2+}

Pour déterminer si le cuivre rentre en compétition avec le 4-nitrophénol pour l'accès à des sites d'adsorption, une autre expérience est réalisée sur des matériaux initialement saturés en cuivre. Une masse de 10 g de mont-Na a été saturée avec deux solutions de Cu^{2+} de 400 et 1000 mg.L^{-1}. Les isothermes de 4-NP ont ensuite été réalisées sur le mont-Na saturé en ions cuivriques (figure III.27).

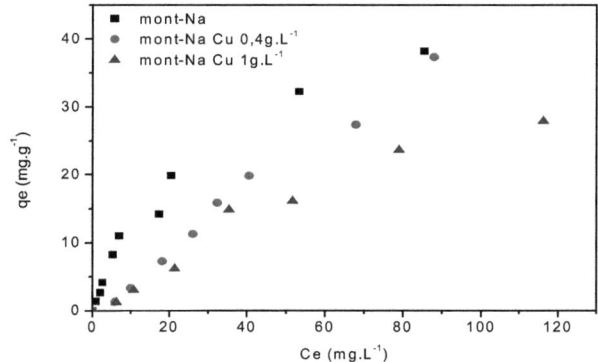

Figure III. 27 : Isothermes de 4-NP sur Na-mont et mont-Na saturé avec Cu^{2+}

Les résultats dans la figure III.27 montrent que la quantité adsorbée diminue mais de manière beaucoup moins importante que lorsque le 4-NP et le Cu $^{2+}$ sont adsorbés simultanément sur le mont-Na. Le mécanisme le plus déterminant et donc le plus limitant à l'adsorption du nitrophénol en présence de cuivre semble être la modification de l'environnement ionique et non pas une adsorption compétitive à proprement parler.

3.3.3.2 Adsorption compétitive sur les alginates

La figure III.28 présente les courbes d'adsorption du cuivre seul ou en compétition avec 4-NP par les billes d'alginate (AS). Les courbes sont quasi superposées, ce qui indique que la présence de 4-nitrophénol n'a pas ou très peu d'influence sur l'adsorption de Cu^{2+}.

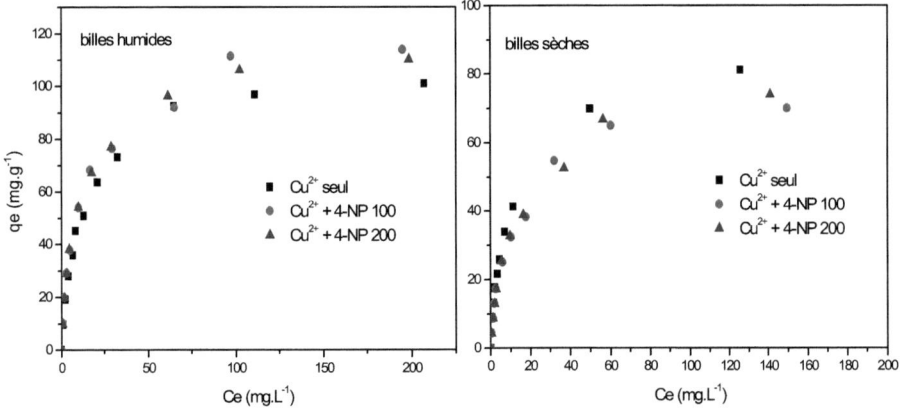

Figure III.28 : Isothermes de Cu $^{2+}$ sur les billes d'alginate avec ou sans compétition du 4-NP

Les résultats de l'adsorption du 4-NP seul ou en présence du cuivre par les billes AS sont présentés sur la figure III.29. On constate une superposition des isothermes ce qui montre que comme précédemment, la présence du cuivre n'influence pas l'adsorption du 4-NP sur les alginates.

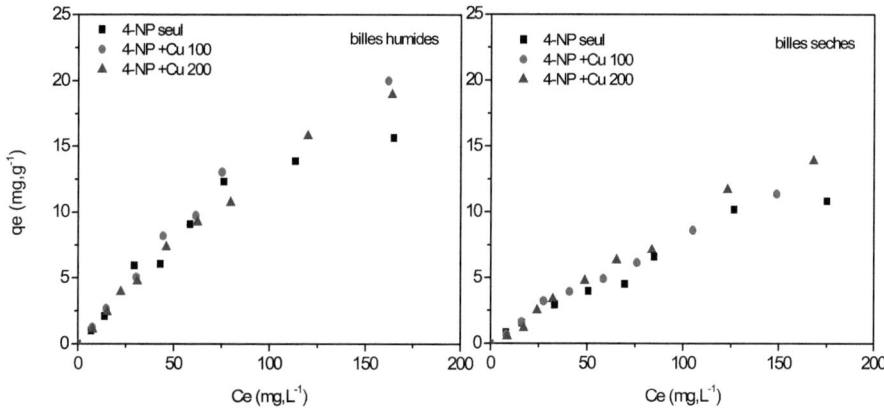

Figure III.29 : Isothermes de 4-NP sur alginate billes humides et sèches sans ou en compétition avec Cu^{2+}

L'adsorption sur les alginates ne semble donc pas limitée par des effets de compétitions et la modification de l'environnement par les ions cuivriques ne semble pas affecter l'adsorption du nitrophénol. L'accès aisé aux nombreux groupes fonctionnels de la structure alginate limite les effets de compétition ou d'encombrement.

3.3.3.3 Adsorption compétitive sur les billes composites alginate – argiles

Comme le montrent les courbes d'adsorption du cuivre seul ou en présence du 4-NP sur billes mont-Na/AS rapport 1/1 (figure III.30) et sur mont-Na/AS rapport 2/1(figure III.31), le 4-NP n'a pas d'effet sur l'adsorption du Cu^{2+} par les billes composites mont-Na/AS. Ceci est en accord avec les résultats précédents c'est-à-dire l'absence d'effet du 4-NP sur l'adsorption du cuivre sur les billes d'alginates ou sur la montmorillonite. Le phénomène reste vrai pour les deux ratios massiques 1/1 et 2/1.

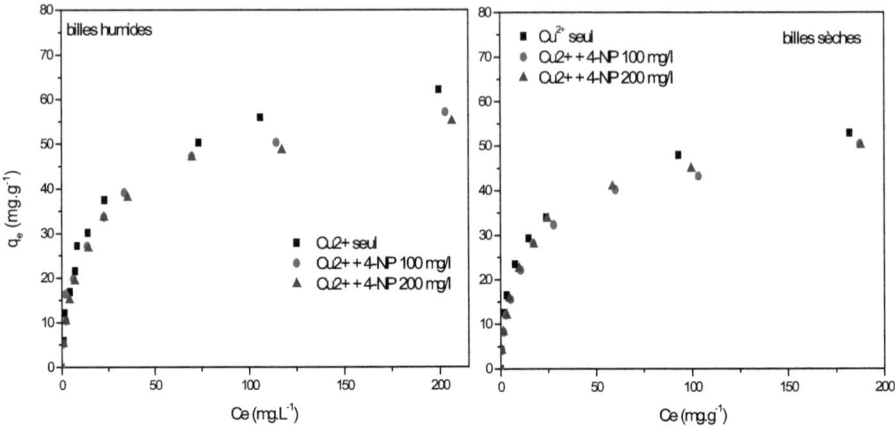

Figure III.30 : Isothermes de Cu $^{2+}$ sur mont-Na/AS 1/1 billes humides et sèches sans ou en compétition avec 4-NP

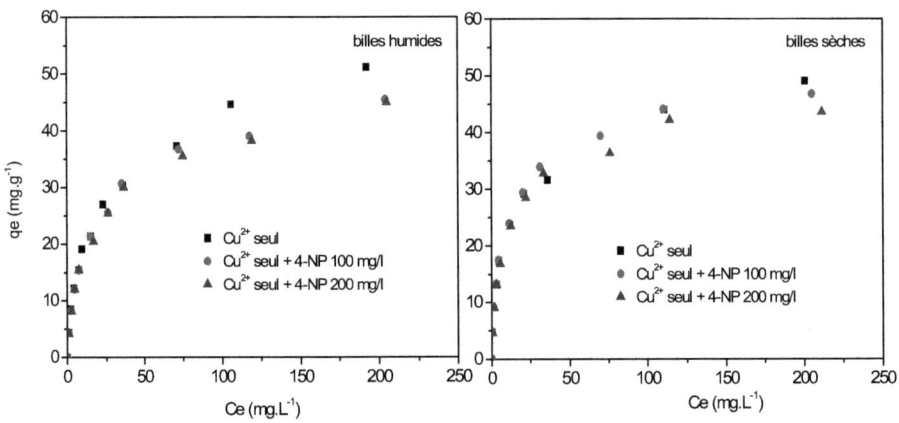

Figure III.31 : Isothermes de Cu $^{2+}$ sur mont-Na/AS 2/1 billes humides et sèches sans ou en compétition avec 4-NP.

Chapitre 3 : Résultats et discussions

Par contre, un effet similaire à celui observé lors de l'adsorption du 4 NP sur la montmorillonite est observé sur les billes composites mont-Na/AS et ceci de manière plus marquée lorsque la fraction massique d'argile augmente (figures III.32 et III.33).

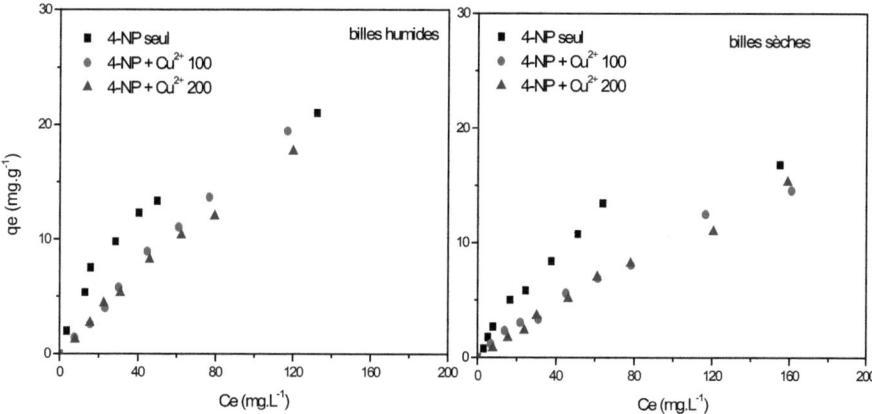

Figure III.32 : Isothermes de 4-NP sur mont-Na/AS 1/1 billes humides et sèches sans ou en compétition avec Cu $^{2+}$

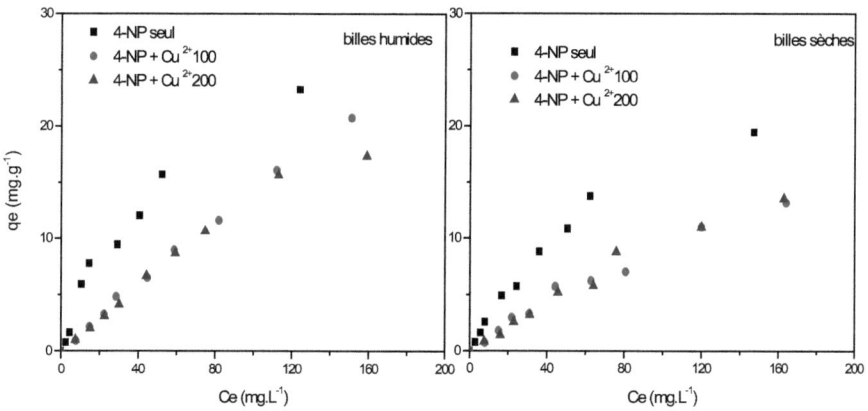

Figure III.33 : Isothermes de 4-NP sur mont-Na/AS 2/1 billes humides et sèches sans ou en compétition avec Cu $^{2+}$

La baisse de la quantité de 4-NP adsorbée peut donc être expliquée par l'adsorption préférentielle du phénol sur l'argile et un phénomène soit d'encombrement stéarique par les ions cuivriques hydratés ou par une accentuation de l'acidité du phénol dans cet environnement.

3.3.3.4 Conclusion

L'étude de l'adsorption simultanée du cuivre et du 4-nitrophénol par les différents matériaux adsorbants montre qu'aucune compétition ou réduction de l'adsorption sur les alginates n'est observée. Les deux solutés s'adsorbent dans les mêmes proportions qu'en solution simple. D'une manière générale l'adsorption du cuivre sur les différents adsorbants n'est pas influencée par la présence de 4-NP dans la solution. Par contre, l'adsorption de 4-NP sur la montmorillonite ou sur les billes composites mont-Na/AS est réduite par la présence du cuivre en solution. Cette réduction de l'adsorption semble correspondre à une modification de l'environnement et non pas à une réelle compétition pour l'adsorption. Les ions métalliques bloqueraient l'accès aux sites des argiles et modifieraient les propriétés acido-basiques du nitrophénol.

3.3.4 Conclusions concernant l'argile commerciale encapsulée

L'encapsulation de la montmorillonite au sein des billes d'alginate montre que les billes obtenues sont capables d'adsorber à la fois le cuivre et le 4-nitrophénol. L'additivité de la capacité de deux matériaux encapsulés vis-à-vis du cuivre est possible et l'encapsulation ne modifie pas cette capacité par contre l'encapsulation réduit l'accès de 4-NP vers les sites d'adsorption sur la surface de la montmorillonite. La cinétique d'adsorption du cuivre et du 4-NP par les billes humides peut être considérée comme rapide avec un temps d'équilibre atteint au bout de 3 et 4 heures pour l'adsorption du cuivre et du 4-NP respectivement mais le séchage réduit considérablement la vitesse de cinétique. L'adsorption simultanée du cuivre et du 4-nitrophénol par le matériau montre que la présence du 4-NP ne modifie pas l'adsorption du cuivre et par contre la présence du cuivre réduit la capacité d'adsorption des billes mont-Na/AS vis-à-vis le 4-NP.

3.4 Applications de l'encapsulation à d'autres matériaux

3.4.1   Introduction

Le charbon actif est un support adsorbant largement utilisé pour éliminer les substances organiques des eaux usées et de l'eau à rendre potable. Sa production est possible dans le cadre de la valorisation de déchets lino-cellulosiques ou minéraux et peuvent être produits dans de nombreux pays. Dans ce même objectif d'offrir la possibilité de développer des adsorbants dans un contexte de développement durable (matières premières locales) et avec des coûts compatibles avec l'économie des pays du sud, l'utilisation d'une argile non purifiée et provenant de Mauritanie a été évaluée.

L'objectif de l'étude de l'adsorption sur un charbon actif encapsulé est également de montrer que les matériaux préparés par encapsulation peuvent inclure des matériaux divers et ciblés pour l'élimination de solutés parfaitement définis. Le charbon actif reste un adsorbant universel et sa structure poreuse permet d'une part une adsorption localisée au niveau de groupements fonctionnels mais également, pour une très large part dans le cas de composés organiques, une adsorption non spécifique dans la porosité. En effet, le charbon actif adsorbe très bien les composés organiques tandis que l'alginate est un excellent adsorbant de cations et en particulier des métaux.

Les résultats obtenus sur l'argile mauritanienne seront comparés au charbon actif et à l'argile commerciale.

3.4.2   Adsorption sur un charbon actif encapsulé

3.4.2.1   Cinétique d'adsorption

Les cinétiques d'adsorption des ions Cu^{2+} sur les billes composites d'alginate et de charbon actif (CA-AS) ont été comparées à celles obtenues sur le charbon actif (CA). Les résultats obtenus sont présentés sur la figure III.34.

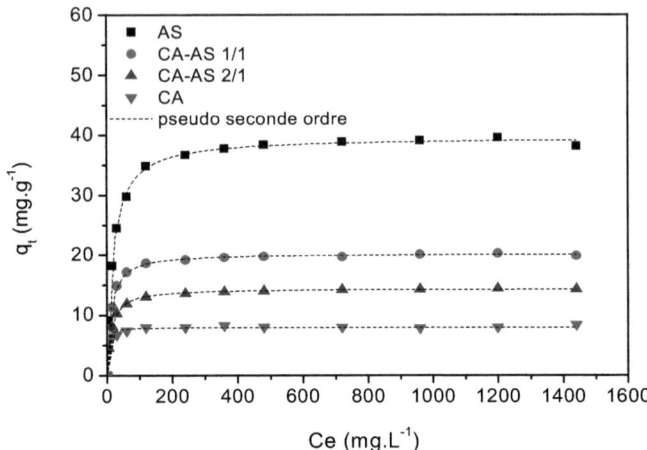

Figure III. 34 : Cinétique de Cu^{2+} sur CA et billes sèches CA-AS 1/1 et 2/1: $[Cu^{2+}]$ = 50 mg.L-1 volume de la solution =100ml masse sèche = 0,25g

Sur le charbon actif en poudre non encapsulé, l'équilibre est rapidement atteint (au bout d'environ 2h) alors qu'il faut attendre environ 6h pour atteindre l'équilibre dans le cas de l'adsorption du cuivre sur les billes composites d'alginates et de charbon actif (CA-AS). L'adsorption du cuivre se fait préférentiellement sur les alginates mais avec une cinétique beaucoup plus lente que celle observée sur le charbon actif en poudre. Les constantes cinétiques ainsi que les coefficients de corrélation calculés selon le modèle de pseudo-ordre 1 et 2 sont données dans le tableau III.20. Les résultats montrent que l'équation de pseudo-ordre 2 décrit convenablement l'adsorption des ions Cu^{2+} sur les microcapsules (CA-AS) et sur le charbon actif en poudre.

Tableau III.20 : Paramètres cinétiques de l'adsorption de Cu^{2+} sur CA et billes humides AS et CA-AS

Adsorbants	Pseudo premier ordre		Pseudo second ordre	
	k_1 (min^{-1})	R^2	k_2 (g.mg^{-1} min^{-1})	R^2
AS	0,0364 ± 0,0038	0,98	0,0012 ± 0,0003	0,99
CA-AS 1/1	0,0544 ± 0,0045	0,98	0,0043 ± 0,0001	0,99
CA-AS 2/1	0,0504 ± 0,0057	0,97	0,0060 ± 0,0001	0,99
CA	0,294 ± 0,063	0,93	0,061 ± 0,013	0,97

Les résultats concernant la cinétique d'adsorption du 4-nitrophénol sont présentés sur la figure III. 35.

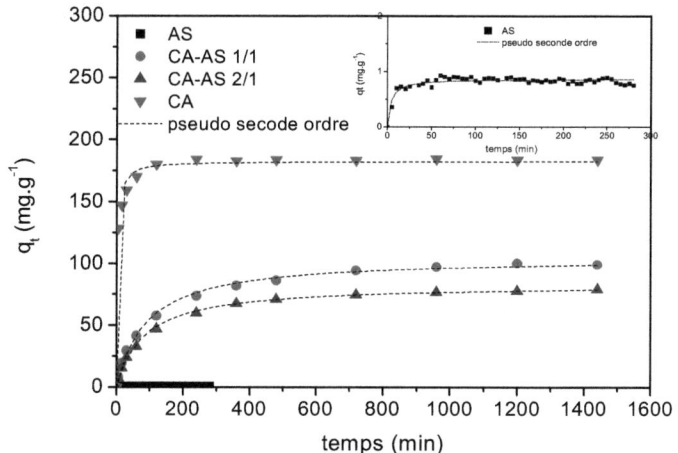

Figure III. 35 : Cinétique de 4-NP sur CA en poudre, billes humides AS et billes humides composites CA-AS

Dans le cas de l'adsorption du phénol sur le charbon actif en poudre (CA), on remarque que la diffusion dans la structure poreuse est rapide. L'équilibre survient en moins d'1 heure. Hameed et al., (2008), en étudiant l'adsorption du phénol sur du charbon actif préparé à base de sciure de rotin, ont observé un temps d'équilibre de 4h pour des concentrations initiales en phénol allant de 25 à 150mg/L. Les constantes (tableau III.21), montrent que lorsque le CA est encapsulé dans des alginates, la cinétique est beaucoup plus lente car limitée par la diffusion dans le gel.

Tableau III.21 : Paramètres cinétiques de l'adsorption de 4-NP sur CA et billes humides AS et CA-AS

Adsorbants	Pseudo premier ordre		Pseudo second ordre	
	k_1 (min^{-1})	R^2	k_2 (g.mg^{-1}.min^{-1})	R^2
AS	0,124 ± 0,012	0,87	0,30 ± 0,005	0,85

CA-AS 1/1	0,0083 ± 0,0010	0,97	0,00010 ± 8×10^{-6}	0,99
CA-AS 2/1	0,0088 ± 0,0009	0,98	0,00014 ± 9×10^{-6}	0,99
CA	0,217 ± 0,030	0,95	0,0021± 2×10^{-4}	0,99

La courbe d'adsorption du 4-nitrophénol sur les billes composites d'alginate et de charbon actif (CA-AS) montre que l'équilibre est atteint au bout d'environ 16 heures de contact entre les billes et l'adsorbat. Des résultats déjà obtenus dans d'autres études relatives à l'adsorption de certains composés phénoliques sur des microcapsules à base d'alginate et d'autres types de matériaux adsorbants, évoquent aussi un temps d'équilibre de 12 heures (Peretz et al. 2008). La très forte divergence entre les mécanismes d'une part d'adsorption rapide sur le charbon actif et de diffusion dans le gel est prise en compte par le modèle de second ordre (tableau III.21).

De la même façon que pour les matériaux à base de montmorillonite, les coefficients de diffusion ont été calculés pour l'adsorption du Cu^{2+} (tableau III.22) et du 4-NP (tableau III.23). Les coefficients de diffusion obtenus pour l'adsorption du cuivre par les billes CA-AS humides en début d'adsorption (tableau III.22), sont inférieurs aux coefficients de diffusion obtenus à la fin de l'adsorption. En fin de cinétique, la diffusion se fait dans la structure profonde de la bille et surtout avec une diffusion poreuse dans le charbon actif. La diffusion apparaît plus rapide laissant supposer une diffusion plus rapide dans la structure poreuse du charbon comparé à celle dans le gel. Le même phénomène est observé avec le 4-NP (tableau III.23). Cette hypothèse est soutenue par les résultats de la littérature. En effet, Demirbas et al. (2009), ont obtenu un coefficient de diffusion du cuivre à travers la porosité d'un charbon actif, de l'ordre de 2,5×10^{-5} (cm^2.s^{-1}) et donc proche de celui obtenu dans cette étude. Dans une autre étude, Moon et al. (1983) ont obtenu un coefficient de diffusion poreuse de l'ordre de 4,47 ×10^{-6} pour l'adsorption du 4-NP sur un charbon actif.

Tableau III.22 : Coefficient de diffusion obtenu pour l'adsorption de Cu^{2+} sur des billes humides AS et CA-AS

Billes	Diamètre (mm)	Début d'adsorption $\frac{q_t}{q_0} \leq 0,3$		Fin d'adsorption $\frac{q_t}{q_0} \geq 0,7$	
		Di (cm^2.s^{-1})	R^2	Di (cm^2.s^{-1})	R^2
AS	2,92 ± 0,11	4,30×10^{-7}	0,99	1,33×10^{-7}	0,93
CA-AS 1/1	2,56 ± 0,08	4,40×10^{-7}	0,99	1,32×10^{-5}	0,90
CA-AS 2/1	2,63 ± 0,14	4,41×10^{-7}	0,99	1,66×10^{-5}	0,92

Tableau III.23 : Coefficient de diffusion obtenu pour l'adsorption de 4-NP sur des billes CA-AS humides

Billes	Diamètre (mm)	Début d'adsorption $\frac{q_t}{q_0} \leq 0,3$		Fin d'adsorption $\frac{q_t}{q_0} \geq 0,7$	
		Di (cm².s⁻¹)	R^2	Di (cm².s⁻¹)	R^2
AS	2,92 ± 0,11	8,23×10⁻⁷	0,95	3,60×10⁻⁷	0,83
CA-AS 1/1	2,56 ± 0,08	6,91 ×10⁻⁸	0,99	2,38 ×10⁻⁶	0,92
CA-AS 2/1	2,63 ± 0,14	7,33 ×10⁻⁸	0,99	4,70 ×10⁻⁶	0,95

Le modèle intraparticulaire de diffusion permet une bonne description de résultats expérimentaux de la cinétique d'adsorption de 4-NP par les billes CA-AS, notamment en début d'adsorption avec des coefficients de corrélation proches de 1 (tableau III.23). A l'approche de l'équilibre, la diffusion se fait plus largement dans la porosité du charbon.

3.4.2.2 Isothermes d'adsorption

3.4.2.2.1 Cuivre

Les isothermes d'adsorption des ions Cu^{2+} sur les microcapsules humides (AS, CA-AS) et sur le charbon actif en poudre (AC) sont présentées sur la figure III.36, avec une modélisation selon les équations de Langmuir et de Freundlich. La figure III.36 montre que les capacités d'adsorption des différents adsorbants pour les ions Cu^{2+} sont dans l'ordre décroissant suivant : billes d'alginates (AS) > billes composites (CA-AS) > charbon actif (AC). Les charges négatives du fait de la dissociation des groupes carboxyles des alginates sont favorables à l'adsorption de l'ion cuivrique.

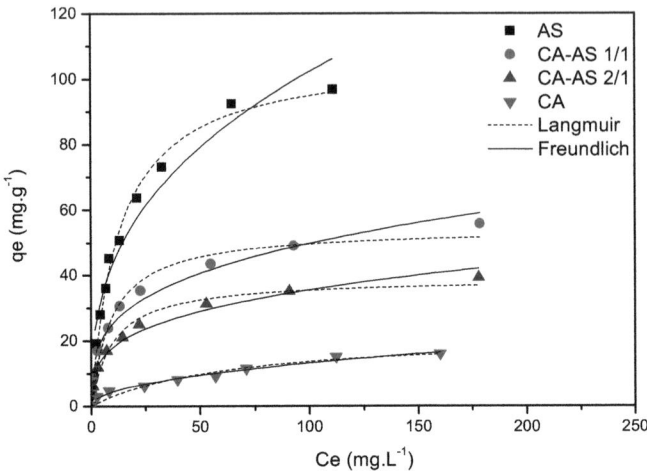

Figure III. 36 : Isotherme de Cu^{2+} sur billes humides CA-AS 1/1 et 2/1 ; billes humides AS et CA en poudre avec [Cu^{2+}] varie entre 10 et 300 mg.L^{-1} volume de la solution =100 ml masse humide des billes = 1g

Le tableau III.24 récapitule les différents paramètres de Langmuir et de Freundlich obtenus.

Tableau III.24 : Paramètres de Langmuir et de Freundlich pour l'adsorption du Cu^{2+} sur les différents matériaux.

adsorbants	Paramètres de Langmuir			Paramètres de Freundlich		
	q_{max} (mg.g^{-1})	K_L (L.mg^{-1})	R^2	1/n	K_F ($mg^{1-1/n}$.$L^{1/n}$.g^{-1})	R^2
AS	107,5 ± 2,3	0,075 ± 0,005	0,99	0,31 ± 0,03	21,78 ± 3,21	0,92
CA-AS 1/1	54,36 ± 2,45	0,104 ± 0,018	0,97	0,293 ± 0,023	12,84 ± 1,29	0,98
CA-AS 2/1	38,90 ± 1,82	0,101 ± 0,018	0,97	0,294 ± 0,023	9,15 ± 0,90	0,98
CA	22,09 ± 3,26	0,016 ± 0,005	0,94	0,472 ± 0,039	1,49 ± 0,26	0,97

Le modèle de Langmuir permet une meilleure description de l'adsorption du cuivre sur les billes d'alginate (AS), alors que le modèle de Freundlich ne permet une description des données expérimentales que de l'adsorption de cuivre sur les billes composites (CA-AS) et sur le charbon actif en poudre (CA). Les coefficients K_L de Langmuir et 1/n de Freundlich qui peuvent être reliés à l'affinité de l'adsorbat (Cu^{2+}) pour les sites de fixation de l'adsorbant indiquent que l'affinité des ions métalliques est généralement plus grande pour les d'alginate que pour le charbon actif (CA) et (CA-AS).

Kim et al., (2008) et Choi et al., (2009),observent des affinités similaires respectivement pour l'adsorption du cuivre et du zinc. L'ion cuivrique se fixe en partie sur le charbon actif en poudre, mais en quantité beaucoup moins importante que sur les alginates ; celà est probablement dû au nombre limité de groupements fonctionnels ionisés de surface du charbon actif (carboxylates, lactones, phénols, carbonyles). La figure III.37 montre que l'additivité de l'adsorption du cuivre de chacun des constituants d'un composite 1/1 et 2/1 est respectée.

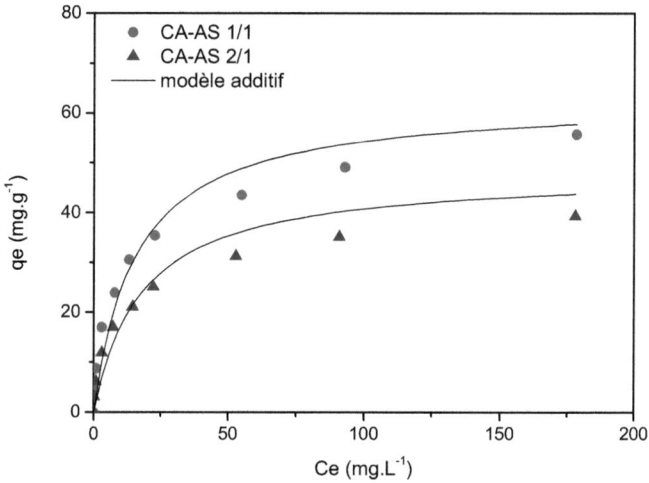

Figure III.37 : Additivité de la capacité d'adsorption du Cu^{2+} sur les billes humides composites CA-AS (ratio 1/1 et 2/1)

3.4.2.2.2   4-nitrophénol

Pour le 4-nitrophénol, contrairement au cuivre (figure III.38), les courbes montrent que les capacités d'adsorption sur les trois adsorbants sont dans l'ordre décroissant suivant : charbon actif en poudre (AC) > billes composites (CA-AS) > gel d'alginate (AS). Le 4-nitrophénol est plus fortement adsorbé sur le charbon actif en poudre que sur les autres matériaux. Le tableau III.25 présente les paramètres obtenus par les modèles de Langmuir et de Freundlich.

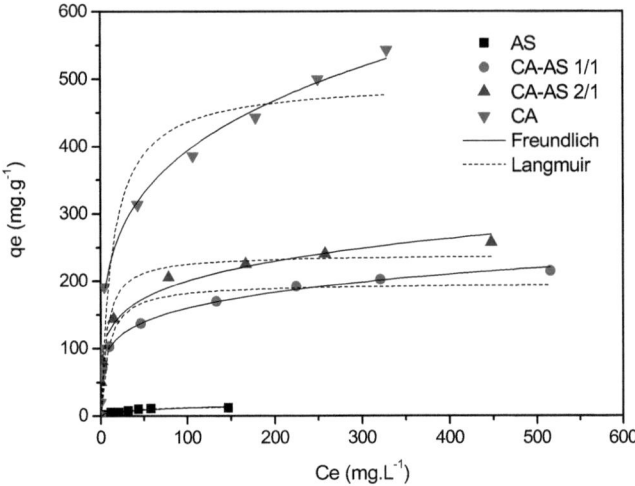

Figure III.38 : Isotherme de 4-NP sur billes humides CA-AS 1/1 et 2/1 ; billes humides AS et CA en poudre avec ([4-NP] entre 10 et 500 mg.L^{-1} ; volume de la solution =100ml ; masse humide des billes = 1g)

Le modèle de Freundlich permet un meilleur ajustement sur les points expérimentaux de l'adsorption de 4-NP sur le CA et sur les billes composites. Les valeurs des coefficients d'affinité vont dans le même sens que les valeurs de la capacité d'adsorption et indiquent que l'affinité du 4-nitrophénol pour le charbon actif est plus grande que pour les alginates. La capacité d'adsorption du 4-nitrophénol sur les billes composites 1/1 calculée par le modèle de Freundlich (K_F) est à peu près la moyenne entre celles observées sur le gel d'alginate et sur la poudre de charbon actif.

Tableau III.25 : Paramètres de Langmuir et de Freundlich pour l'adsorption du 4-NP sur les différents matériaux.

Adsorbants	Paramètres de Langmuir			Paramètres de Freundlich		
	q_{max} (mg.g^{-1})	K_L (L.mg^{-1})	R^2	1/n	K_F (mg$^{1-1/n}$.L$^{1/n}$.g^{-1})	R^2
AS	19,79 ± 1,73	0,030 ± 0,006	0,97	0,43 ± 0,07	2,01 ± 0,61	0,90
CA-AS 1/1	196,6 ± 11,2	0,119 ± 0,004	0,93	0,19 ± 0,01	64,18 ± 2,51	0,99
CA-AS 2/1	239,3 ± 14,5	0,155 ± 0,067	0,94	0,19 ± 0,01	80,33 ± 6,28	0,98
CA	476,9 ± 32,1	0,107 ± 0,052	0,94	0,27 ± 0,02	108,24 ± 10,57	0,98

Au pH de cette étude (5,5 < pKa), le 4-nitrophénol est sous forme moléculaire et donc hydrophobe. D'après Hu et al., (1998) l'hydrophobicité de l'adsorbat est un facteur favorable à l'adsorption et une augmentation de l'hydrophobicité peut en général être corrélée avec une augmentation de la capacité d'adsorption sur du charbon actif (Bharat et al. 1995).

En outre, la forte adsorption du 4-nitrophénol sur le charbon actif résulte aussi des interactions de type Van der Waals entre les électrons π délocalisés de la structure graphène du charbon et le nuage électronique du 4-NP.

La figure III.39 représente le modèle additif d'adsorption du 4-NP sur les billes composites CA-AS rapport 1/1 et 2/1. On observe que l'additivité de l'adsorption n'est pas respectée avec une disponibilité du charbon actif qui est réduite par l'encapsulation.

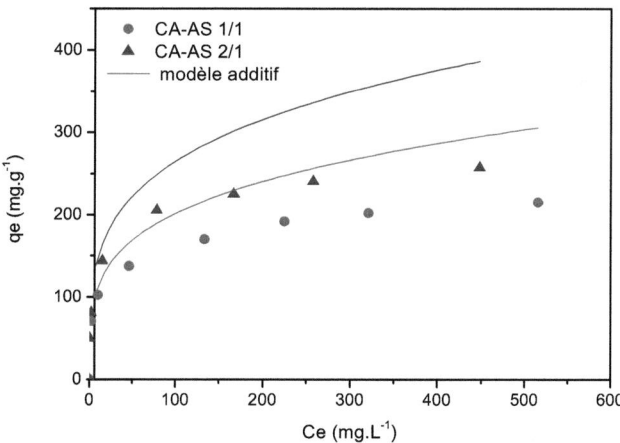

Figure III.39 : Additivité de la capacité d'adsorption du 4-NP sur les billes composite CA-AS (ratio 1/1)

Cette réduction de la capacité est de l'ordre de 30% et peut être attribuée à des agglomérats de charbon actif dans le gel ou à une diffusion trop lente et un équilibre qui ne serait pas réellement atteint.

3.4.2.3   Co-adsorption du cuivre et du 4-nitrophénol

Les isothermes d'adsorption d'ion Cu^{2+} (en présence et en absence du 4-nitrophénol) sur les microcapsules (CA, AS) et sur le charbon actif en poudre (CA) sont présentées sur la figure III.40.

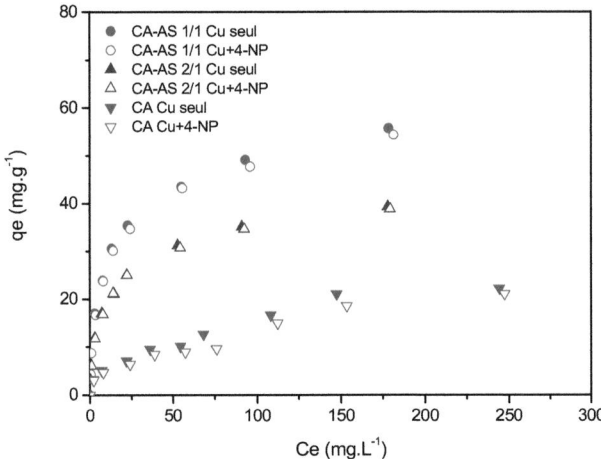

Figure III.40 : Isothermes de Cu $^{2+}$ sur CA et billes humides CA-AS 1/1 et 2/1 sans ou en présence du 4-NP

Les capacités d'adsorption du charbon actif seul ou des matériaux composites ne semblent pas affectées par la présence de 100 mg/L de 4-nitrophénol dans le milieu. La présence d'un aromatique (4-nitrophénol) ne produit pas de phénomène de compétition confirmant la spécificité, déjà observée, de l'adsorption de l'ion métallique sur les alginates sur les composites à base d'argile.

Comme pour le cuivre, des essais d'adsorption compétitive on été effectués. La figure III.41 montre qu'il n'existe aucun phénomène défavorable à l'adsorption du paranitrophénol suite à la présence du cuivre et ceci pour le charbon actif ou pour les matériaux composites. L'adsorption du 4-NP sur charbon actif est donc très spécifique et le cuivre n'interfère pas sur l'adsorption de l'aromatique.

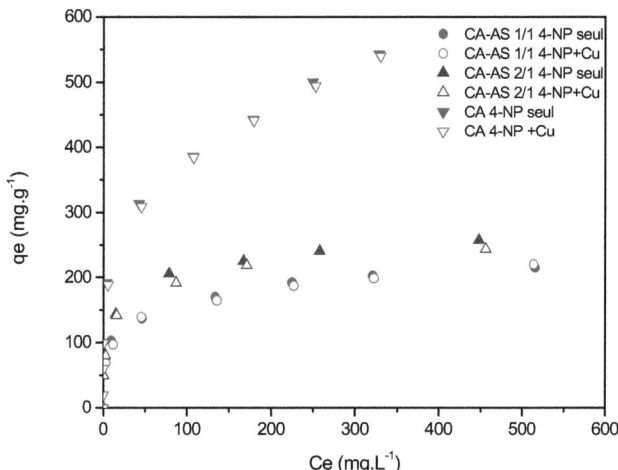

Figure III. 41 : Isotherme de 4-NP sur billes CA-AS et CA en poudre sans ou en présence de Cu^{2+}

Park et al., (2007) observent également une adsorption très spécifique de l'acide p-toluidique et de plusieurs ions métalliques (Pb^{2+}, Mn^{2+}, Cd^{2+}, Cu^{2+}, Zn^{2+}, Fe^{2+}, Al^{3+} et Hg^{2+}) sur un matériau adsorbant composé de billes d'alginate encapsulant du charbon actif. Le p-toluidate chargé négativement, est uniquement adsorbé par le charbon actif alors que les cations des éléments métalliques sont adsorbés sur les sites carboxylate. La même tendance est observée par Choi et al., (2009) lors de l'étude de l'adsorption du zinc et du toluène sur des microcapsules complexes formées par le gel d'alginate encapsulant d'une part une zéolite synthétique et du charbon actif le zinc est adsorbé essentiellement par l'alginate partiellement par le zéolite tandis que le toluène est adsorbé par le charbon actif. Enfin, Lin et al., (2005), en examinant l'adsorption de l'acide gallique (chargé négativement), le bleu de méthylène (chargé positivement), le p-chlorophénol (composé neutre) et l'acide humique (polymère chargé négativement) sur des billes AG-AC arrivent à la conclusion que les composés neutres (p-chlorophénol) et chargés positivement (bleu de méthylène) sont très fortement adsorbés sur le matériau encapsulé alors que le composé chargé négativement (acide humique) est très faiblement éliminé par les microcapsules.

3.4.2.4 Conclusion sur le charbon actif encapsulé

En combinant un gel d'alginate et du charbon actif, l'adsorbant CA-AS a montré une grande capacité d'adsorption à la fois pour le 4-nitrophénol et les ions Cu^{2+}. Les résultats des isothermes d'adsorption supportent l'idée que pratiquement la totalité de l'adsorption du 4-nitrophénol peut être attribuée au charbon actif encapsulé dans le matériau composite alors que l'alginate a un rôle majeur dans l'élimination de l'ion cuivre.

L'adsorption des matériaux est suffisamment spécifique pour qu'aucune compétition entre les deux adsorbats ne soit observée.

L'adsorption du cuivre sur le matériau composite respecte l'effet additif des deux adsorbants car l'adsorbant le plus efficace (alginate) est totalement accessible. Par contre, dans le cas du phénol, l'accès au charbon est fortement réduit par l'encapsulation et la capacité théorique est réduite d'environ 1/3.

3.4.3 Argile mauritanienne

Cette dernière partie est consacrée à la validation de l'utilisation d'une argile Mauritanienne encapsulée par comparaison des résultats de la cinétique et les capacités d'adsorption avec le mont-Na et le charbon actif encapsulés.

Bien évidement les principales conclusions obtenues avec la montmorillonite restent valables avec ce matériau. Quelques éléments différencient cependant cette argile.

Les expériences d'adsorption concernant l'argile de la Mauritanie (ZS26) ont été menées sur l'argile en poudre et sur des billes humides argile/alginate rapport 1/1 (g/g).

3.4.3.1 Cinétique d'adsorption

Les courbes d'évolution de la quantité de cuivre ou de 4 nitrophénol adsorbée par les billes composites ZS26-AS 1/1 sont présentées sur la figure III.42. Pour les billes composites humides ZS26-AS, l'équilibre d'adsorption du cuivre est atteint au bout de 6 heures de contact. 90 % de la quantité de 4-NP est adsorbée dans les deux premières heures, puis l'adsorption évolue lentement pour atteindre l'équilibre au bout de 8 heures de contact.

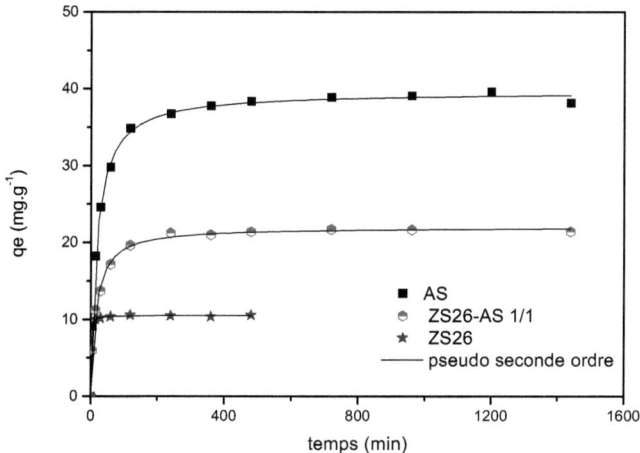

Figure III.42 : Cinétique du Cu2+ et du 4 NP sur des billes humides composites ZS26-AS 1/1

Lors de l'étude précédente concernant l'argile commerciale, l'équation cinétique de pseudo second ordre a permis une meilleure description des résultats expérimentaux. Ce modèle a donc été repris pour décrire la cinétique d'adsorption du cuivre et du 4-NP sur l'argile mauritanienne encapsulée.

Le tableau III.26 permet de comparer les constantes cinétiques de l'adsorption du cuivre et du 4-NP par les billes d'alginate et les billes composites issues de différents matériaux encapsulés (mont-Na, argile ZS26 et charbon actif).

Tableau III.26 : Constantes cinétiques de l'adsorption du Cu^{2+} et du 4-NP sur les billes humides AS et les billes encapsulant différents matériaux avec un rapport massique 1/1 d'alginates

	Billes	Pseudo second ordre	
		k_2 (mg.g^{-1} min^{-1})	R^2
Cu^{2+}	AS	0,0012 ± 0,0003	0,99
	Mont-Na/AS 1/1	0,0011 ± 0,0001	0,98
	CA-AS 1/1	0,0043 ± 0,0001	0,99
	ZS26-AS 1/1	0,0029 ± 0,0001	0,99
4-NP	AS	0,300 ± 0,052	0,85
	Mont-Na/AS 1/1	0,092 ± 0,003	0,97
	CA-AS 1/1	0,00010 ± 8×10^{-6}	0,99
	ZS26-AS 1/1	0,0573 ± 0,0020	0,97

Il n'y a pas de différence significative pour la constante cinétique du cuivre entre les billes AS et les billes encapsulant le mont-Na. Les billes encapsulant l'argile mauritanienne ZS26 ont une constante cinétique pour le cuivre 2 fois supérieure à celle obtenue pour les billes AS et mont-Na/AS. Le coefficient de diffusion dans le gel incluant l'argile mauritanienne est de 4,15.10^{-7} cm^2.s^{-1} ($\frac{q_t}{q_0}$≤0,3). Ce coefficient est également supérieur à celui observé dans le cas de l'argile commerciale (3,25 10^{-7} cm^2.s^{-1}). Des différences de structure du gel, essentiellement imputables à la granulométrie des matériaux pourraient expliquer les différences de cinétiques.

Malgré que la constante cinétique d'adsorption du cuivre par l'argile soit supérieure à celle obtenue avec le charbon actif, les billes encapsulant le charbon actif ont une constante cinétique plus élevée que celle obtenues pour des billes encapsulant l'argile. La diffusion plus rapide du cuivre dans le gel incluant du charbon actif justifierait ce résultat : 4,4 10^{-7} cm^2.s^{-1} contre 3,25 10^{-7} cm^2.s^{-1} pour le gel incluant de la mont-Na et 4,15.10^{-7} pour le gel intégrant la ZS26. La granulométrie des matériaux encapsulés influencerait largement cette modification de la cinétique.

Pour l'adsorption du 4-NP les constantes cinétiques diminuent avec l'ajout de l'argile ou de charbon actif. Contrairement aux résultats du cuivre, celui-ci s'adsorbe plus rapidement dans les billes encapsulant l'argile que les billes incluant le charbon actif. Ceci est en accord avec les coefficients de diffusion qui, en présence de charbon actif, sont plus faibles que dans le cas de gel incluant de la Mont-Na avec des valeurs respectivement de 6,91 10^{-8} et 7,06 10^{-7}

$cm^2.s^{-1}$. Dans le cas du phénol la diffusion poreuse est limitante par rapport à la diffusion dans le gel.

3.4.3.2 Capacités d'adsorption

3.4.3.2.1 Capacités d'adsorption en solutions simples

Le tableau III.27 rassemble les résultats des descriptions des isothermes d'adsorption du 4-NP et du cuivre sur la ZS26 seule ou encapsulée. Les isothermes d'adsorption du 4-NP sur le ZS26 ont une forme linéaire peu représentative d'un modèle de Langmuir. Elles ont été modélisées uniquement avec le modèle de Freundlich. La quantité du 4-NP adsorbée par l'argile mauritanienne ZS26 est supérieure à celles adsorbée par les billes composites et les billes d'alginates.

Comme dans le cas de la mont-Na et du charbon actif, la quantité de cuivre adsorbée sur l'argile mauritanienne est inférieure à celle adsorbée par l'alginate. La modélisation des résultats expérimentaux par le modèle de Langmuir et Freundlich (tableau III.27) montre que l'adsorption du cuivre par le ZS26, les billes composites ZS26-AS tout comme les billes d'alginate AS suit plutôt le modèle de Langmuir que le modèle de Freundlich.

Tableau III.27 : Paramètres de Langmuir et de Freundlich pour l'adsorption du Cu2+ et 4-NP sur ZS26 et billes humides AS et ZS26-AS 1/1

	Adsorbants	Paramètres de Langmuir			Paramètres de Freundlich		
		q_{max} (mg.g^{-1})	K_L (L.mg^{-1})	R^2	1/n	K_F (mg$^{1-1/n}$.L$^{1/n}$.g^{-1})	R^2
Cu^{2+}	AS	107,5 ± 2,3	0,075 ± 0,005	0,99	0,31 ± 0,03	21,78 ± 3,21	0,92
	ZS26-AS 1/1	47,6 ± 1,1	0,101± 0,009	0,99	0,28 ± 0,03	11,60 ± 1,73	0,93
	ZS26	15,1 ± 0,5	0,583± 0,137	0,96	0,15 ± 0,03	7,27 ± 1,03	0,83
4-NP	AS	19,79 ± 1,73	0,030 ± 0,006	0,97	0,43 ± 0,07	2,01 ± 0,61	0,90
	ZS26-AS 1/1	27,1 ± 5,6	0,004 ±0,001	0,98	0,76 ± 0,02	0,25 ± 0,02	0,99
	ZS26	-	-	-	0,95 ± 0,08	0,30 ± 0,11	0,98

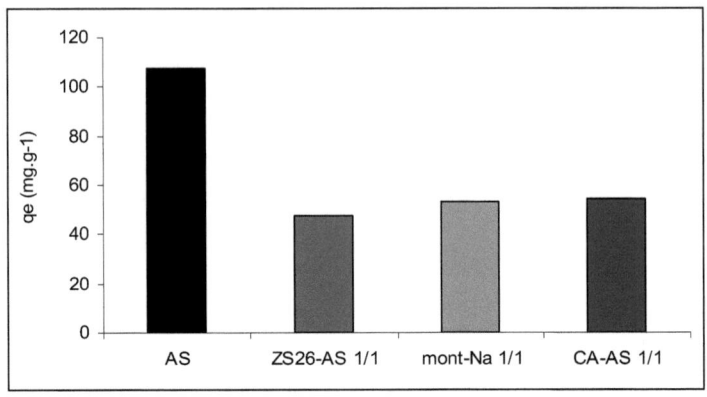

Figure III.43 : Capacités d'adsorption de différents matériaux encapsulés (billes humides rapport 1/1) pour le cuivre 300 mg.L^{-1}.

Le calcul de la capacité d'adsorption montre que la ZS26 adsorbe autant de cuivre que le mont-Na et de manière légèrement inférieure au charbon actif encapsulé (figure III.43). La comparaison dans le cas du 4-NP (figure III.44) fait apparaitre que les billes encapsulant le charbon actif ont une capacité d'adsorption largement supérieure à celle des billes encapsulant l'argile. Le charbon actif est un adsorbant spécifique pour les composés phénoliques sa capacité d'adsorption vis-à-vis de ces composés dépasse largement celle d'argile non encapsulée. Comme pour le cuivre, les billes encapsulant le ZS26 adsorbent autant de 4-NP que les billes encapsulant la mont-Na.

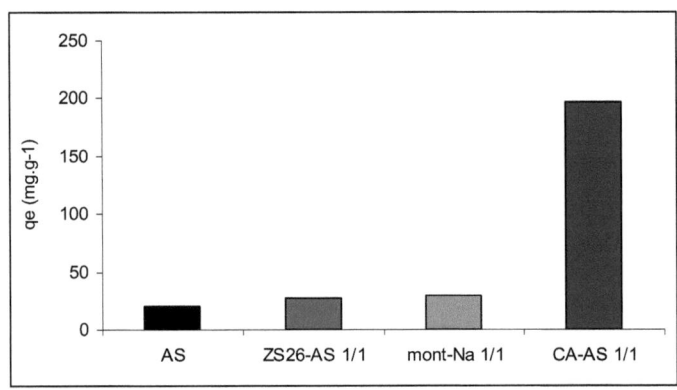

Figure III.44 : Capacités d'adsorption de différents matériaux encapsulés (billes humides rapport 1/1) pour le 4 NP.

Dans le tableau III.28, les résultats obtenus pour l'adsorption du cuivre et du 4-nitrophénol par les billes composites préparées dans cette étude sont comparés avec les données tirées de la littérature concernant l'adsorption sur des billes encapsulant différents matériaux. Les capacités d'adsorption du 4-NP par les billes encapsulant l'argile sont inférieures à celles des billes composites chitosane/alginate (Mata et al. 2009) et charbon actif/alginate. Ils ont été calculés pour des billes avec un rapport argile/alginate 1/1 (g/g). Par contre, pour le cuivre les résultats obtenus sont relativement homogènes entre les matériaux, l'alginate étant l'adsorbant le plus efficace dans les composites.

Tableau III.28 : Quantités du Cu^{2+} et 4-NP adsorbés par différentes billes composite comparés aux données de la littérature.

Polluant	Billes composites	q_{max} (mg.g^{-1})	Référence
Cu^{2+}	ZS26/alginate	47,6	Cette étude
	montmorillonite/alginate	53,1	Cette étude
	Charbon actif / alginate	54,3	Cette étude
	Algue /alginate	43,1	Ngah et al., (2008)
	Chitosane /alginate	63,6	Mata et al., (2009)
	Liguant magnétique /alginate	60,2	Lim et al., (2007)
4-NP	ZS26/alginate	27,1	Cette étude
	mont-Na/alginate	29,6	Cette étude
	Charbon actif / alginate	196,6	Cette étude
Phénol	Chitosane /alginate	108,6	Nadavala et al., (2009)

3.4.3.2.2 Compétition du Cu^{2+} et 4-NP

Les figures III.45 et III.46 présentent respectivement les isothermes d'adsorption du cuivre (sans ou en présence de 100 mg du 4-NP) et celles du 4-NP sur l'argile mauritanienne ZS26 et les billes composites ZS26-AS 1/1.

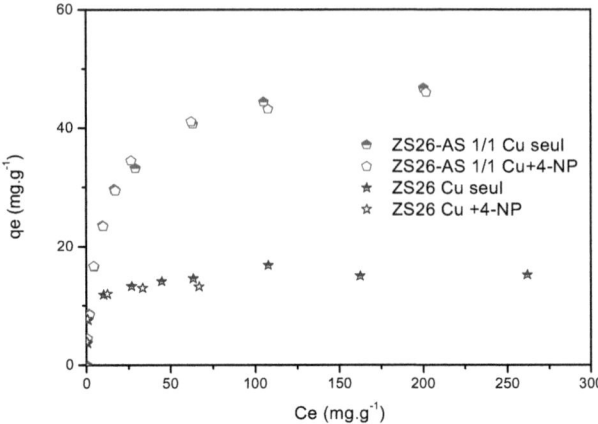

Figure III. 45 : Isotherme de Cu^{2+} sur billes ZS26-AS et ZS26 en poudre en présence de 4-NP

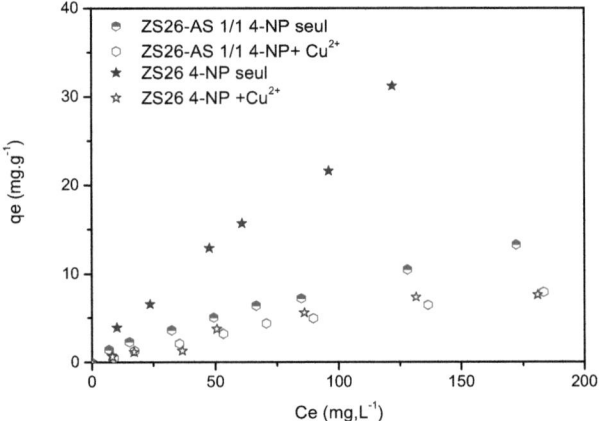

Figure III. 46 : Isotherme de 4-NP sur billes ZS26-AS et ZS26 en poudre en présence de Cu^{2+}

Les résultats montrent que pour le cuivre la présence de 100 mg de 4-NP dans les solutions n'affecte pas l'adsorption du cuivre sur l'argile mauritanienne ZS26 et les billes composites ZS26-AS 1/1. Pour le 4-NP, on remarque que, comme observé lors de l'adsorption compétitive du cuivre et du 4-NP par la montmorillonite et les billes mont-Na-AS, la quantité adsorbée du 4-NP est réduite par la présence du cuivre.

3.4.3.3 Conclusion

L'argile mauritanienne ZS26 présente des propriétés équivalentes à la montmorillonite commerciale. Les essais réalisés démontrent la faisabilité de mise en œuvre d'un adsorbant de faible coût composé d'alginate et d'argile naturelle. Ce matériau est utilisable pour l'élimination simultanée de polluants organique et inorganique de l'eau.

Ces propriétés sont comparables à une argile commerciale et des résultats comparables ont été obtenus concernant la sélectivité de l'adsorption et l'absence de compétition réelle. L'introduction du cuivre modifie cependant l'adsorption du 4-NP sur l'argile.

Conclusion générale et perspectives

CONCLUSION GENERALE ET PERSPECTIVES

La décontamination de l'eau est encore pour certains pays une problématique forte à laquelle il est urgent de répondre écologiquement et avec un coût moindre. Les propriétés d'adsorption des billes d'alginate encapsulant différents matériaux (montmorillonite, charbon actif, argile naturelle) ont été étudiées. Pour se conformer aux exigences de la chimie pour le développement durable, la matrice des matériaux sphériques préparés est constituée d'un polymère d'origine naturelle, l'alginate. L'alginate est un polysaccharide extrait d'algues brunes. L'utilisation de ressources naturelles renouvelables, de faible coût et disponibles en grandes quantités, permet de développer un produit ayant un impact réduit sur l'environnement. L'alginate est un copolymère binaire linéaire dont les monomères mannuronate et guluronate sont organisés en blocs. Les fonctions carboxylates portées par ces monomères confèrent à l'alginate la capacité de former un gel en présence de cations divalents tels que les ions calcium. La combinaison d'adsorbants dans une matrice d'alginate est possible et permet d'une part d'envisager des matériaux à large spectre pour l'élimination de polluants mais également de valoriser des matrices adsorbantes issues de sous-produits de l'industrie ou extraites du milieu naturel sans pour cela prévoir des modifications coûteuses. Des adsorbants comme des argiles ou des charbons actifs peuvent être envisagés et ils permettent d'élargir les possibilités d'adsorption avec en particulier une meilleure adsorption des polluants organiques (4-nitrophénol) en conservant les propriétés d'adsorption des alginates vis à vis des éléments traces métalliques.

Les argiles sont des matériaux peu onéreux et facilement accessibles qui présentent d'excellentes propriétés d'échanges de cations et qui peuvent être utilisées pour adsorber des solutés organiques ou inorganiques contenus dans les eaux. Le charbon actif est un composé très utilisé pour l'adsorption de polluants organiques du fait de sa porosité et de sa grande surface spécifique. L'encapsulation d'argile et du charbon actif dans les billes d'alginate augmente donc leur capacité d'adsorption vis-à-vis des polluants.

Conclusions et perspectives

Le but de cette étude a été d'optimiser les propriétés d'adsorption des billes issue de l'encapsulation d'argile et du charbon actif pour une mise en œuvre dans des lits filtrants.

Les billes d'alginate et les billes composites ont été caractérisées par différentes méthodes. On a pu obtenir des billes sphériques relativement homogènes en taille, de diamètre d'environ 3 mm pour les billes humides et environ de 1 mm pour les billes séchées à l'air (20°). L'observation par microscopie électronique environnementale des billes d'alginate montre une structure lisse en surface et un système poreux peu visible. Dans le cas de l'encapsulation d'argiles, la porosité des matériaux est régulière et apparaît similaire à celle d'une éponge. Dans le cas des matériaux incluant du charbon actif (CA-AS), on a pu observer une surface irrégulière et rugueuse liée à la présence de charbon de taille micrométrique dans les billes. Enfin l'analyse infra rouge confirme l'absence de réaction entre le deux matériaux encapsulés à savoir l'argile et l'alginate.

Le comportement cinétique ainsi que les propriétés d'adsorption à l'équilibre de deux polluants choisis comme modèle, le 4-nitrophénol et le cuivre, sur les matériaux précurseurs et les billes composites ont été étudiés.

Pour le cuivre, le temps nécessaire à l'équilibre d'adsorption sur les billes encapsulant l'argile et le charbon actif est respectivement de 3 et 6 heures et les constantes cinétiques augmentent légèrement avec l'augmentation de la fraction d'argile ou de charbon actif encapsulée. Pour le 4-NP le temps nécessaire à l'équilibre est de 4 et 16 heures pour l'adsorption sur les billes alginate/argile et alginate/charbon actif respectivement. Contrairement au cuivre, la cinétique d'adsorption du 4-NP sur les billes est diminuée lorsque la proportion d'argile augmente.

La cinétique d'adsorption sur les billes sèches est nettement plus lente pour les deux adsorbants (Cu^{2+} et 4-NP) quel que soit le matériau adsorbant. Cette diminution de vitesse est la conséquence de la restructuration importante des billes suite au séchage (perte de 30 à 50% d'eau), avec une diminution marquée du diamètre et une structure plus rigide du gel d'alginate. Dans tous les cas, excepté l'adsorption du 4-NP par les billes d'alginate, les courbes expérimentales de l'adsorption du cuivre et du 4-NP par matériaux sont globalement bien décrites par une équation de pseudo second ordre. Il a été également montré à partir d'un modèle de diffusion intraparticulaire, que la diffusion du cuivre et du 4-NP au sein des billes est l'étape déterminante de la vitesse d'adsorption du cuivre mais également le mécanisme associé à la cinétique d'adsorption du 4-NP, notamment pour les billes sèches.

La modification de la taille des billes ne semble pas avoir d'effet sur les coefficients de diffusion ce qui indiquerait que la structure tridimensionnelle est identique quel que soit la taille des particules.

Les propriétés d'adsorption à l'équilibre des adsorbants ont été analysées en construisant les isothermes d'adsorption de deux polluants. Les isothermes d'adsorption du cuivre et du 4-NP par la montmorillonite, des billes d'alginates et des billes composites mont-Na/AS ont permis de déterminer les mécanismes d'adsorption. Pour le cuivre, la séquence des capacités d'adsorption a été établie comme suit : billes AS> billes mont-Na/AS 1/1> billes mont-Na/AS 2/1> billes mont-Na/AS 4/1> mont-Na. Le cuivre interagit essentiellement avec les fonctions carboxylates portées par l'alginate. Pour le 4-NP, la séquence précédente s'inverse. La capacité d'adsorption du mont-Na est supérieure à celle de l'alginate. Il a été remarqué que l'augmentation du rapport mont-Na/alginate dans les billes composites améliore logiquement la capacité d'adsorption du 4-NP, mais reste cependant faible avec un problème d'accès à l'argile lorsqu'elle est encapsulée. Les billes CA-AS qui combinent les deux fonctions du gel d'alginate et du charbon actif ont montré une grande capacité d'adsorption à la fois, pour le 4-nitrophénol et les ions Cu^{2+}. Les résultats des isothermes d'adsorption sur les matériaux composites supportent l'idée que pratiquement la totalité de l'adsorption du 4-nitrophénol peut être attribuée au charbon actif encapsulé alors que l'alginate a un rôle majeur dans l'élimination de l'ion cuivre.

Il a été montré que le modèle de Langmuir est parfaitement adapté pour décrire l'adsorption du cuivre sur les billes d'alginate pure (AS) et le mont-Na. La description de l'adsorption du cuivre par les billes composites (mont-Na/AS) par le modèle de Freundlich est satisfaisant à cause de l'hétérogénéité des sites d'interaction et à des interactions moins spécifiques.

L'additivité de la capacité des matériaux composites (alginate –argile ou alginate – charbon actif) est vérifiée dans le cas de l'adsorption du cuivre. Pour le 4-NP, l'additivité de la capacité d'adsorption des couples argile/alginate ou charbon actif/alginate n'est pas vérifiée. En effet, l'encapsulation réduit la disponibilité de l'argile ou du charbon actif pour l'adsorption du 4-NP.

L'étude de l'adsorption simultanée du cuivre et du 4-nitrophénol par les différents matériaux adsorbants montre qu'aucune compétition ou réduction de l'adsorption sur les alginates n'est observée. D'une manière générale, l'adsorption du cuivre sur les différents adsorbants n'est pas influencée par la présence de 4-NP dans la solution. L'adsorption du 4-NP par le charbon actif ou les billes composites CA-AS n'est également pas influencée par la présence du cuivre. Par contre, l'adsorption de 4-NP sur les argiles (montmorillonites ou argile mauritanienne) ou sur les billes composites d'argile est réduite par la présence du cuivre en solution. Cette réduction de l'adsorption semble correspondre à une modification de l'environnement et non pas à une réelle compétition pour l'adsorption. Les ions métalliques bloqueraient l'accès aux sites des argiles et modifieraient le pKa du nitrophénol. Les travaux menés sur l'argile mauritanienne ZS26 ont montré des résultats cinétiques et de capacité d'adsorption proche de ceux obtenus avec la montmorillonite commerciale. Les capacités d'adsorption aussi bien du cuivre que du 4 NP sont comparables et le comportement sélectif de l'adsorption est également observé. Ces propriétés font de cette argile un matériau intéressant pour une mise en œuvre en décontamination des eaux.

Ce travail prospectif confirme l'intérêt et la faisabilité de matériaux composites basés sur une encapsulation dans des alginates. L'adsorption sélective de composés de natures différentes permet d'envisager le traitement d'effluents complexes. Des études sur le traitement d'une eau naturelle de surface contenant un certain nombre de micropolluants (pesticides, rejets industriels) peuvent être envisagées. Ce développement passe également par une évaluation de la stabilité de billes préparées, de manière à les mettre en œuvre dans des systèmes continus. Ces procédés continus, lits filtrants, filtres sous pression, devront également faire l'objet de futures études.

Références bibliographiques

Références bibliographiques

REFERENCES BIBLIOGRAPHIES

Abu Al-Rub, F. A., El-Naas M. H., Benyahia F. and Ashour I. (2004). "Biosorption of nickel on blank alginate beads, free and immobilized algal cells." Process Biochemistry **39**(11): 1767-1773.

Ahmady-Asbchin, S. (2008). "Biosorption d'ions métalliques sur une algue brune (*fucus serratus*) et mise en oeuvre dans un procédé de dépollution. Thèse de l'Université de Nantes ".

Akçay, M. and Akçay G. (2004). "The removal of phenolic compounds from aqueous solutions by organophilic bentonite." Journal of Hazardous Materials **113**(1-3): 189-193.

Aksu, Z., Egretli G. and Kutsal T. (1998). "A comparative study of copper(II) biosorption on Ca-alginate, agarose and immobilized C. vulgaris in a packed-bed column." Process Biochemistry **33**(4): 393-400.

Aksu, Z. and Isoglu I. A. (2005). "Removal of copper(II) ions from aqueous solution by biosorption onto agricultural waste sugar beet pulp." Process Biochemistry **40**(9): 3031-3044.

Allan, C., Vieira D. S., Jorge C. and Masini. (2007). "Evaluating the removal of Cd(II), Pb(II) and Cu(II) from a wastewater sample of a coating industry by adsorption onto vermiculite." Applied Clay Science **37**(1-2): 167–174.

Almeida, C. A. P., Debacher N. A., Downs A. J., Cottet L. and Mello C. A. D. (2009). "Removal of methylene blue from colored effluents by adsorption on montmorillonite clay." Journal of Colloid and Interface Science **332**(1): 46-53.

Araujo, M. M. and Teixeira J. A. (1997). "Trivalent chromium sorption on alginate beads." International Biodeterioration and Biodegradation **40**(1): 63-74.

Aravindhan, R., Fathima N. N., Rao J. R. and Nair B. U. (2007). "Equilibrium and thermodynamic studies on the removal of basic black dye using calcium alginate beads." Colloids and Surfaces A: Physicochemical and Engineering Aspects **299**(1-3): 232-238.

Ashour, I., Abu Al-Rub F. A., Sheikha D. and Volesky B. (2008). "Biosorption of naphthalene from refinery simulated waste-water on blank alginate beads and immobilized dead algal cells." Separation Science and Technology **43**(8): 2208-2224.

Atkins, E. D. T., Nieduszynski I. A. and Mackie W. (1973). "Structural components of alginic acid. II. The crystalline structure of poly Î± L guluronic acid. Results of X ray diffraction and polarized infrared studies." Biopolymers **12**(8): 1879-1887.

Banat, F. A., Al-Bashir B., Al-Asheh S. and Hayajneh O. (2000). "Adsorption of phenol by bentonite." Environmental Pollution **107**(3): 391-398.

Baup, S. (2000). "Elimination de pesticides sur lit de charbon actif en grain en présence de matière organique naturelle : élaboration d'un protocole couplant expériences et calculs numériques afin de simuler les équilibres et les cinétiques compétitives d'adsorption " Thèse de doctorat de l'Université de Poitiers.

Bayramoglu, G., Tuzun I., Celik G., Yilmaz M. and Arica M. Y. (2006). "Biosorption of mercury(II), cadmium(II) and lead(II) ions from aqueous system by microalgae

Références bibliographiques

Chlamydomonas reinhardtii immobilized in alginate beads." International Journal of Mineral Processing **81**(1): 35-43.

Benchabane, A. (2006). "Etude du comportement rhéologique de mélanges argiles - polymères. Effets de l'ajout de polymères. Thèse de doctorat de l'Université Louis Pasteur – Strasbourg I."

Bharat, G., Yenkie M. and Natarajan G. (1995). "Influence of physico-chemical characteristics of adsorbents and adsorbate on competitive adsorption equilibrium and kinetics." 5th International Conference of Fundamental adsorption: 91-99.

Bhattacharyya, K. G. and Gupta S. S. (2009). "Adsorptive accumulation of Cd(II), Co(II), Cu(II), Pb(II) and Ni(II) ions from water onto Kaolinite: Influence of acid activation." Adsorption Science and Technology **27**(1): 47-68.

Bhattacharyya, K. G. and Gupta S. S. (2006). "Kaolinite, montmorillonite, and their modified derivatives as adsorbents for removal of Cu(II) from aqueous solution." Separation and Purification Technology **50**(3): 388-397.

Boeglin, J., Petitpain-Perrin F., Mouchet P., Roubaty J., Delporte C., Truc A., Gilles P., Guibelin E. and Gay J. (2000-2008). techniques de l'ingénieur. Dossiers G1100, G1110, G1150, G1170, G1171, G1172, G1210, G1220, G1250, G1270, G1271, G1300, G1310, G1330, G1450, G1451, G1455.

Boschet, A. (2002). "Ressources en eau et santé en Europe." Européen d'Hydrologie **33**(1): 33- 39.

Bouras, O. (2003). "Propriétés adsorbantes d'argiles pontées organophiles synthèse et caractérisation. Thèse Université de Limoges ".

Caillère, S., Hénin S. and Rautureau M. (1982). "Minéralogie des argiles." Masson, Tomes 1 et 2: 184 et 189.

Chang, J. H., An Y. U., Cho D. and Giannelis E. P. (2003). "Poly(lactic acid) nanocomposites: Comparison of their properties with montmorillonite and synthetic mica (II)." Polymer **44**(13): 3715-3720.

Chang, P. H., Li Z., Yu T. L., Munkhbayer S., Kuo T. H., Hung Y. C., Jean J. S. and Lin K. H. (2009). "Sorptive removal of tetracycline from water by palygorskite." Journal of Hazardous Materials **165**(1-3): 148-155.

Chang, Y., Lv X., Zha F., Wang Y. and Lei Z. (2009). "Sorption of p-nitrophenol by anion-cation modified palygorskite." Journal of Hazardous Materials **168**(2-3): 826-831.

Chapman, V. J. (1980). "Seaweeds and their uses. London, UK : Cahapman & Hall." 334pp.

Chen, D., Lewandowski Z., Roe F. and Surapaneni P. (1993). "Diffusivity of Cu2+ in calcium alginate gel beads." Biotechnology and Bioengineering **41**(7): 755-760.

Chen, J., Tendeyong F. and Yiacoumi S. (1997). "Equilibrium and kinetic studies of copper ion uptake by calcium alginate." Environmental Science and Technology **31**(5): 1433-1439.

Cheong, M. and Zhitomirsky I. (2008). "Electrodeposition of alginic acid and composite films." Colloids and Surfaces A: Physicochemical and Engineering Aspects **328**(1-3): 73-78.

Choi, J. W., Yang K. S., Kim D. J. and Lee C. E. (2009). "Adsorption of zinc and toluene by alginate complex impregnated with zeolite and activated carbon." Current Applied Physics **9**(3): 694-697.

Crank, J. (1956). "The matematics of Diffusion, 1st Edition, Oxford University Press, London."

Crini, G. (2006). "Non-conventional low-cost adsorbents for dye removal: A review." Bioresource Technology **97**(9): 1061-1085.

Crini, G. (2005). "Recent developments in polysaccharide-based materials used as adsorbents in wastewater treatment." Progress in Polymer Science (Oxford) **30**(1): 38-70.

Références bibliographiques

Crini, G. and Badot P. M. (2008). "Application of chitosan, a natural aminopolysaccharide, for dye removal from aqueous solutions by adsorption processes using batch studies: A review of recent literature." Progress in Polymer Science (Oxford) **33**(4): 399-447.

Davis, T. A., Volesky B. and Mucci A. (2003). "A review of the biochemistry of heavy metal biosorption by brown algae." Water Research **37**(18): 4311-4330.

Del Gaudio, P., Colombo P., Colombo G., Russo P. and Sonvico F. (2005). "Mechanisms of formation and disintegration of alginate beads obtained by prilling." International Journal of Pharmaceutics **302**(1-2): 1-9.

Demirbas, E., Dizge N., Sulak M. T. and Kobya M. (2009). "Adsorption kinetics and equilibrium of copper from aqueous solutions using hazelnut shell activated carbon." Chemical Engineering Journal **148**(2-3): 480-487.

Diliana, D. S. (2004). "Arsenic oxidation of Cenibacterium arsenoxidans: Potential application in bioremediation of arsenic contaminated water Thèse de l'Université Louis Pasteur, Strasbourg I Et de l'Université de Sofia "St. Kliment Ohridsky.""

Ding, Z. and Frost R. L. (2004). "Study of copper adsorption on montmorillonites using thermal analysis methods." Journal of Colloid and Interface Science **269**(2): 296-302.

El-Bayaa, A. A., Badawy N. A. and AlKhalik E. A. (2009). "Effect of ionic strength on the adsorption of copper and chromium ions by vermiculite pure clay mineral." Journal of Hazardous Materials **170**(2-3): 1204-1209.

Eren, E. and Afsin B. (2009). "Removal of basic dye using raw and acid activated bentonite samples." Journal of Hazardous Materials **166**(2-3): 830-835.

Escudero, C., Fiol N. and Villaescusa I. (2006). "Chromium sorption on grape stalks encapsulated in calcium alginate beads." Environmental Chemistry Letters **4**(4): 239-242.

Escudero, C., Fiol N., Villaescusa I. and Bollinger J. C. (2009). "Arsenic removal by a waste metal (hydr)oxide entrapped into calcium alginate beads." Journal of Hazardous Materials **164**(2-3): 533-541.

Fan, Q., Li Z., Zhao H., Jia Z., Xu J. and Wu W. (2009). "Adsorption of Pb(II) on palygorskite from aqueous solution: Effects of pH, ionic strength and temperature." Applied Clay Science **45**(3): 111-116.

Fernandez-Pérez, M., Villafranca-Sanchez M., Gonzalez-Pradas E., Martinez-Lopez F. and Flores-Cèspedes F. (2000 ou 2001). "Controlled release of carbofuran from an alginate-bentonite formulation: Water release kinetics and soil mobility." Journal of Agricultural and Food Chemistry **48**(3): 938-943.

Fiol, N., Poch J. and Villaescusa I. (2004). "Chromium (VI) uptake by grape stalks wastes encapsulated in calcium alginate beads: Equilibrium and kinetics studies." Chemical Speciation and Bioavailability **16**(1-2 SPEC. ISS.): 25-33.

Fourest, E. and Volesky B. (1997). "Alginate Properties and Heavy Metal Biosorption by Marine Algae." Applied Biochemistry and Biotechnology - Part A Enzyme Engineering and Biotechnology **67**(3): 215-226.

Fourest, E. and Volesky B. (1996). "Contribution of sulfonate groups and alginate to heavy metal biosorption by the dry biomass of Sargassum fluitans." Environmental Science and Technology **30**(1): 277-282.

Freundlich, H. M. F. (1906). "Over the adsorption in solution " phys. Chem. **57**: 385-470.

Fundueanu, G., Nastruzzi C., Carpov A., Desbrieres J. and Rinaudo M. (1999). "Physico-chemical characterization of Ca-alginate microparticles produced with different methods." Biomaterials **20**(15): 1427-1435.

Ghorbel-Abid, I., Jrad A., Nahdi K. and Trabelsi-Ayadi M. (2009). "Sorption of chromium (III) from aqueous solution using bentonitic clay." Desalination **246**(1-3): 595-604.

Références bibliographiques

Gloaguen, J.-M. and Lefebvre J.-M. (2007). "Nanocomposites polymères/ silicates en feuillets. Techniques de l'Ingénieur."

Gotoh, T., Matsushima K. and Kikuchi K. I. (2004). "Adsorption of Cu and Mn on covalently cross-linked alginate gel beads." Chemosphere **55**(1): 57-64.

Guibal, E. (2004). "Interactions of metal ions with chitosan-based sorbents: A review." Separation and Purification Technology **38**(1): 43-74.

Guzel, F., Yakut H. and Topal G. (2008). "Determination of kinetic and equilibrium parameters of the batch adsorption of Mn(II), Co(II), Ni(II) and Cu(II) from aqueous solution by black carrot (Daucus carota L.) residues." Journal of Hazardous Materials **153**(3): 1275-1287.

Haderleln, S. B. and Schwarzenbach R. P. (1993). "Adsorption of substituted nitrobenzenes and nitrophenols to mineral surfaces." Environmental Science and Technology **27**(2): 316-326.

Hameed, B. H. and Rahman A. A. (2008). "Removal of phenol from aqueous solutions by adsorption onto activated carbon prepared from biomass material." Journal of Hazardous Materials **160**(2-3): 576-581.

Haug, A., Larsen B. and SmidsrÃ‚d O. (1974). "Uronic acid sequence in alginate from different sources." Carbohydrate Research **32**(2): 217-225.

Haug, A., Myklestad S., Larsen B. and Smidsrod O. (1967). "Correlation between chemical structure and physical properties of alginates." Acta Chem Scand **21**: 768-778.

Hirst, E. and Rees O. (1965). "On the 1-4 linkage in alginic acid." Chemical Society **5**: 1182-1184.

Ho, Y. S. and McKay G. (1998). "A Comparison of chemisorption kinetic models applied to pollutant removal on various sorbents." Process Safety and Environmental Protection **76**(4): 332-340.

Ho, Y. S. and McKay G. (2000). "The kinetics of sorption of divalent metal ions onto sphagnum moss peat." Water Research **34**(3): 735-742.

Ho, Y. S. and McKay G. (1999). "Pseudo-second order model for sorption processes." Process Biochemistry **34**(5): 451-465.

Hou, X., Wang X., Gao B. and Yang J. (2008). "Preparation and characterization of porous polysucrose microspheres." Carbohydrate Polymers **72**(2): 248-254.

Hu, J. Y., Aizawa T., Ookubo Y., Morita T. and Magara Y. (1998). "Adsorptive characteristics of ionogenic aromatic pesticides in water on powdered activated carbon." Water Research **32**(9): 2593-2600.

Jeon, C., Park J. Y. and Yoo Y. J. (2002). "Novel immobilization of alginic acid for heavy metal removal." Biochemical Engineering Journal **11**(2-3): 159-166.

Jiang, M. q., Jin X. y., Lu X. Q. and Chen Z. l. (2010). "Adsorption of Pb(II), Cd(II), Ni(II) and Cu(II) onto natural kaolinite clay." Desalination **252**(1-3): 33-39.

Johnston, C. T., Sheng G., Teppen B. J., Boyd S. A. and De Oliveira M. F. (2002). "Spectroscopic study of dinitrophenol herbicide sorption on smectite." Environmental Science and Technology **36**(23): 5067-5074.

Jozja, N. (2003). "Étude de matériaux argileux Albanais. Caractérisation "multi-échelle" d'une bentonite magnésienne. Impact de l'interaction avec le nitrate de plomb sur la perméabilité " Thèse de doctorat de l'Université d'Orléans

Karagunduz, A. and Unal D. (2006). "New method for evaluation of heavy metal binding to alginate beads using pH and conductivity data." Adsorption **12**(3): 175-184.

Karamanis, D. and Assimakopoulos P. A. (2007). "Efficiency of aluminum-pillared montmorillonite on the removal of cesium and copper from aqueous solutions." Water Research **41**(9): 1897-1906.

Khaknegar, B. and Ettinger R. L. (1977). "Removal time: a factor in the accuracy of irreversible hydrocolloid impressions." Journal of Oral Rehabilitation **4**(4): 369-376.

Kim, T. Y., Jin H. J., Park S. S., Kim S. J. and Cho S. Y. (2008). "Adsorption equilibrium of copper ion and phenol by powdered activated carbon, alginate bead and alginate-activated carbon bead." Journal of Industrial and Engineering Chemistry **14**(6): 714-719.

Koumanova, B. and Peeva-Antova P. (2002). "Adsorption of p-chlorophenol from aqueous solutions on bentonite and perlite." Journal of Hazardous Materials **90**(3): 229-234.

Kurniawan, T. A., Lo W. H. and Chan G. Y. S. (2006). "Physico-chemical treatments for removal of recalcitrant contaminants from landfill leachate." Journal of Hazardous Materials **129**(1-3): 80-100.

Lagergren, S. (1898). "About the theory of so-called adsorption of soluble substances. *Kungliga Svenska Vetenskapsakademiens.*" Handlingar **24**(4): 1-39.

Lagoa, R. and Rodrigues J. R. (2009). "Kinetic analysis of metal uptake by dry and gel alginate particles." Biochemical Engineering Journal **46**(3): 320-326.

Langmuir, I. (1916). "The constitution and fundamental properties of solids and liquids. Part I. Solids." The Journal of the American Chemical Society **38**(2): 2221-2295.

Lazaridis, N. K. and Charalambous C. (2005). "Sorptive removal of trivalent and hexavalent chromium from binary aqueous solutions by composite alginate-goethite beads." Water Research **39**(18): 4385-4396.

Le Pluart, L. (2002). "Nanocomposites Epoxyde/amine/montmorillonite : Rôle des interactions sur la formation, la morphologie aux différents niveaux d'échelle et les propriétés mécaniques des réseaux." Thèse de doctorat de L'Institut National des Sciences Appliquées de Lyon.

Lewandowski, Z. and Roe F. (1994). "Diffusivity of Cu^{2+} in calcium alginate gel beads: Recalculation." Biotechnology and Bioengineering **43**(2): 186-187.

Li, J., Jiang Z., Wu H., Long L., Jiang Y. and Zhang L. (2009). "Improving the recycling and storage stability of enzyme by encapsulation in mesoporous $CaCO_3$-alginate composite gel." Composites Science and Technology **69**(3-4): 539-544.

Li, J. M., Meng X. G., Hu C. W. and Du J. (2009). "Adsorption of phenol, p-chlorophenol and p-nitrophenol onto functional chitosan." Bioresource Technology **100**(3): 1168-1173.

Lim, S. F. and Chen J. P. (2007). "Synthesis of an innovative calcium-alginate magnetic sorbent for removal of multiple contaminants." Applied Surface Science **253**(13 SPEC. ISS.): 5772-5775.

Lin, Y. B., Fugetsu B., Terui N. and Tanaka S. (2005). "Removal of organic compounds by alginate gel beads with entrapped activated carbon." Journal of Hazardous Materials **120**(1-3): 237-241.

Liu, Z. r. and Zhou S. q. (2010). "Adsorption of copper and nickel on Na-bentonite." Process Safety and Environmental Protection **88**(1): 62-66.

Luckham, P. F. and Rossi S. (1999). "Colloidal and rheological properties of bentonite suspensions." Advances in Colloid and Interface Science **82**(1): 43-92.

Mackie, W. and Preston R. D. (1974). "Cell wall and intercellular region polysaccharides. In : Srewart WDP, editor. Algal physiology and biochemistry. Oxford, UK : Blackwell Scientific Publicatioins." 58-64.

Majzik, A. and Tombacz E. (2007). "Interaction between humic acid and montmorillonite in the presence of calcium ions I. Interfacial and aqueous phase equilibria: Adsorption and complexation." Organic Geochemistry **38**(8): 1319-1329.

Mata, Y. N., Blzquez M. L., Ballester A., Gonalez F. and Munoz J. A. (2009). "Biosorption of cadmium, lead and copper with calcium alginate xerogels and immobilized Fucus vesiculosus." Journal of Hazardous Materials **163**(2-3): 555-562.

Mering, J. and Pedro G. (1969). "Discussion à propos des critères de classification des phyllosilicates 2/1." Bulletin du groupe français des argiles **21**: 1-30.

Minghou, J., Yujun W., Zuhong X. and Yucai G. (1984). "Studies on the M:G ratios in alginate." Hydrobiologia **116-117**(1): 554-556.

Moebus, K., Siepmann J. and Bodmeier R. (2009). "Alginate-poloxamer microparticles for controlled drug delivery to mucosal tissue." European Journal of Pharmaceutics and Biopharmaceutics **72**(1): 42-53.

Moon, H. and Kook Lee W. (1983). "Intraparticle diffusion in liquid-phase adsorption of phenols with activated carbon in finite batch adsorber." Journal of Colloid And Interface Science **96**(1): 162-171.

Morch, Y. A., Donati I., Strand B. L. and Skjak B. G. (2006). "Effect of Ca^{2+}, Ba^{2+} and Sr^{2+} on alginate microbeads." Biomacromolecules **7**(5): 1471-1480.

Nadavala, S. K., Swayampakula K., Boddu V. M. and Abburi K. (2009). "Biosorption of phenol and o-chlorophenol from aqueous solutions on to chitosan-calcium alginate blended beads." Journal of Hazardous Materials **162**(1): 482-489.

Ngah, W. S. W. and Fatinathan S. (2008). "Adsorption of Cu(II) ions in aqueous solution using chitosan beads, chitosan-GLA beads and chitosan-alginate beads." Chemical Engineering Journal **143**(1-3): 62-72.

Ngomsik, A. F., Bee A., Siaugue J. M., Talbot D., Cabuil V. and Cote G. (2009). "Co(II) removal by magnetic alginate beads containing Cyanex 272®." Journal of Hazardous Materials **166**(2-3): 1043-1049.

Nussbaum, F. (2008). "développement d'une installation de biosorption à l'échelle pilote." 120.

Olu-Owolabi, B. I., Popoola D. B. and Unuabonah E. I. "Removal of Cu^{2+} and Cd^{2+} from Aqueous Solution by Bentonite Clay Modified with Binary Mixture of Goethite and Humic Acid." Water, Air, and Soil Pollution: 1-16.

Pandey, A. K., Pandey S. D. and Misra V. (2002). "Removal of toxic metals from leachates from hazardous solid wastes and reduction of toxicity to Microtox by the use of calcium alginate beads containing humic acid." Ecotoxicology and Environmental Safety **52**(2): 92-96.

Papageorgiou, S. K., Katsaros F. K., Kouvelos E. P., Nolan J. W., Le Deit H. and Kanellopoulos N. K. (2006). "Heavy metal sorption by calcium alginate beads from Laminaria digitata." Journal of Hazardous Materials **137**(3): 1765-1772.

Papageorgiou, S. K., Kouvelos E. P. and Katsaros F. K. (2008). "Calcium alginate beads from Laminaria digitata for the removal of Cu+2 and Cd+2 from dilute aqueous metal solutions." Desalination **224**(1-3): 293-306.

Parikh, A. and Madamwar D. (2006). "Partial characterization of extracellular polysaccharides from cyanobacteria." Bioresource Technology **97**(15): 1822-1827.

Park, H. G., Kim T. W., Chae M. Y. and Yoo I. K. (2007). "Activated carbon-containing alginate adsorbent for the simultaneous removal of heavy metals and toxic organics." Process Biochemistry **42**(10): 1371-1377.

Payet, L., Pontona A., Agnely F., Colinart P. and Grossiord J. L. (2002). "Caractérisation rhéologique de la gélification d'alginate et de chitosane : effet de la température." Rhéologie **2**: 46-51

Pédro, G. (1994). "Les minéraux argileux dans Pédologie (2 - Constituants et propriétés du sol). Eds. Duchaufour Ph. et Southier B. Masson, Paris ": 47-64.

Pei, Z. G., Shan X. Q., Wen B., Zhang S., Yan L. and Khan S. U. (2006). "Effect of copper on the adsorption of p-nitrophenol onto soils." Environmental Pollution **139**(3): 541-549.

Percival, E. G. V. and McDowell R. H. (1967). "Chemestry and Enzymology of Marine Algal polysaccharides. London. UK : Academic press."

Peretz, S. and Cinteza O. (2008). "Removal of some nitrophenol contaminants using alginate gel beads." Colloids and Surfaces A: Physicochemical and Engineering Aspects **319**(1-3): 165-172.

Phothitontimongkol, T., Siebers N., Sukpirom N. and Unob F. (2009). "Preparation and characterization of novel organo-clay minerals for Hg(II) ions adsorption from aqueous solution." Applied Clay Science **43**(3-4): 343-349.

Pourjavadi, A., Ghasemzadeh H. and Soleyman R. (2007). "Synthesis, characterization, and swelling behavior of alginate-g- poly(sodium acrylate)/kaolin superabsorbent hydrogel composites." Journal of Applied Polymer Science **105**(5): 2631-2639.

Rassis, D. K., Saguy I. S. and Nussinovitch A. (2002). "Collapse, shrinkage and structural changes in dried alginate gels containing fillers." Food Hydrocolloids **16**(2): 139-151.

Rocher, V., Siaugue J. M., Cabuil V. and Bee A. (2008). "Removal of organic dyes by magnetic alginate beads." Water Research **42**(4-5): 1290-1298.

Schwarzenbach, R. P., Escher B. I., Fenner K., Hofstetter T. B., Johnson C. A., Von Gunten U. and Wehrli B. (2006). "The challenge of micropollutants in aquatic systems." Science **313**(5790): 1072-1077.

Sen Gupta, S. and Bhattacharyya K. G. (2008). "Immobilization of Pb(II), Cd(II) and Ni(II) ions on kaolinite and montmorillonite surfaces from aqueous medium." Journal of Environmental Management **87**(1): 46-58.

Sennour, R., Mimane G., Benghalem A. and Taleb S. (2009). "Removal of the persistent pollutant chlorobenzene by adsorption onto activated montmorillonite." Applied Clay Science **43**(3-4): 503-506.

Serp, D., Cantana E., Heinzen C., Von Stockar U. and Marison I. W. (2000). "Characterization of an Encapsulation Device for the Production of Monodisperse Alginate Beads for Cell Immobilization." Biotechnology and Bioengineering **70**(1): 41-53.

Shen, Y. H. (2004). "Phenol sorption by organoclays having different charge characteristics." Colloids and Surfaces A: Physicochemical and Engineering Aspects **232**(2-3): 143-149.

Singh, B., Sharma D. K., Kumar R. and Gupta A. (2009). "Controlled release of the fungicide thiram from starch-alginate-clay based formulation." Applied Clay Science **45**(1-2): 76-82.

Spahn, H. and Schluender E. U. (1975). "The scale up of activated carbon columns for water purification, based on results from batch tests. I. Theoretical and experimental determination of adsorption rates of single organic solutes in batch tests." Chemical Engineering Science **30**(5-6): 529-537.

Strawn, D. G., Palmer N. E., Furnare L. J., Goodell C., Amonette J. E. and Kukkadapu R. K. (2004). "Copper sorption mechanisms on smectites." Clays and Clay Minerals **52**(3): 321-333.

Swift (1990). Abstracts of Papers of the American Chemical Society **200**: 187-PMSE.

Turan, N. G. and Ergun O. N. (2009). "Removal of Cu(II) from leachate using natural zeolite as a landfill liner material." Journal of Hazardous Materials **167**(1-3): 696-700.

Uddin, M. T., Islam M. A., Mahmud S. and Rukanuzzaman M. (2009). "Adsorptive removal of methylene blue by tea waste." Journal of Hazardous Materials **164**(1): 53-60.

Veglio, F., Esposito A. and Reverberi A. P. (2002). "Copper adsorption on calcium alginate beads: Equilibrium pH-related models." Hydrometallurgy **65**(1): 43-57.

Viallis-Terrisse, H. (2000). "Interaction des Silicates de Calcium Hydratés, principaux constituants du ciment, avec les chlorures d'alcalins. Analogie avec les argiles. Thèse de doctorat de l'Université de Bourgogne."

Vijaya, Y., Popuri S. R., Boddu V. M. and Krishnaiah A. (2008). "Modified chitosan and calcium alginate biopolymer sorbents for removal of nickel (II) through adsorption." Carbohydrate Polymers **72**(2): 261-271.

Vilar, V. J. P., Botelho C. M. S., Pinheiro J. P. S., Domingos R. F. and Boaventura R. A. R. (2009). "Copper removal by algal biomass: Biosorbents characterization and equilibrium modelling." Journal of Hazardous Materials **163**(2-3): 1113-1122.

Vimonses, V., Lei S., Jin B., Chow C. W. K. and Saint C. (2009). "Kinetic study and equilibrium isotherm analysis of Congo Red adsorption by clay materials." Chemical Engineering Journal **148**(2-3): 354-364.

Wikstrom, J., Elomaa M., Syvajarvi H., Kuokkanen J., Yliperttula M., Honkakoski P. and Urtti A. (2008). "Alginate-based microencapsulation of retinal pigment epithelial cell line for cell therapy." Biomaterials **29**(7): 869-876.

Wong, M. (2004). "Alginates in tissue engineering." Methods in molecular biology (Clifton, N.J.) **238**: 77-86.

Xu, D., Zhou X. and Wang X. (2008). "Adsorption and desorption of Ni^{2+} on Na-montmorillonite: Effect of pH, ionic strength, fulvic acid, humic acid and addition sequences." Applied Clay Science **39**(3-4): 133-141.

Yang, W. W., Luo G. S. and Gong X. C. (2005). "Extraction and separation of metal ions by a column packed with polystyrene microcapsules containing Aliquat 336." Separation and Purification Technology **43**(2): 175-182.

Yousef, R. I. and El-Eswed B. (2007). "Adsorption behavior of chlorophenols on natural zeolite." Separation Science and Technology **42**(14): 3187-3197.

Yu, J. Y., Shin M. Y., Noh J. H. and Seo J. J. (2004). "Adsorption of phenol and chlorophenols on Ca-montmorillonite in aqueous solutions." Geosciences Journal **8**(2): 185-189.

Zhao, Y., Carvajal M. T., Won Y. Y. and Harris M. T. (2007). "Preparation of calcium alginate microgel beads in an electrodispersion reactor using an internal source of calcium carbonate nanoparticles." Langmuir **23**(25): 12489-12496.

Résumé

Le traitement de l'eau est dans tout les pays et particulièrement dans les pays du sud une problématique forte à laquelle il est urgent de répondre écologiquement et dans des conditions économiques acceptables. Dans cette étude, les propriétés adsorbantes de billes d'alginate encapsulant différents matériaux (montmorillonite, charbon actif, argile naturelle) ont été étudiées. L'objectif de ce travail est la mise au point d'un produit adsorbant à l'aide de ressources facilement mobilisables et pouvant être mis en œuvre dans des procédés peu contraignants. Les résultats de l'étude montrent que les billes qui combinent un gel d'alginate et une argile ou un charbon actif ont une grande capacité d'adsorption à la fois pour le 4-nitrophénol et les ions Cu^{2+}. D'une manière générale l'adsorption du 4-nitrophénol peut être attribuée à l'argile ou au charbon actif encapsulé alors que l'alginate a un rôle majeur dans l'élimination de l'ion cuivre.
L'additivité de la capacité des matériaux composites (alginate –argile ou alginate –charbon actif) est observée dans le cas de l'adsorption du cuivre. Pour l'adsorption du 4-NP, l'encapsulation réduit la disponibilité de l'argile ou du charbon actif. L'adsorption du cuivre sur les différents adsorbants n'est pas influencée par la présence de 4-NP dans la solution. L'adsorption du 4-NP par le charbon actif ou les billes composites à base de charbon n'est également pas influencée par la présence du cuivre. Par contre, l'adsorption de 4-NP sur les argiles (montmorillonites ou argile mauritanienne) ou sur les billes composites d'argile est réduite par la présence du cuivre en solution.
Ce travail confirme la faisabilité de matériaux à large spectre pour l'élimination de polluants basée sur une encapsulation dans des alginates ainsi que la possibilité de valoriser des matrices adsorbantes issues de sous-produits de l'industrie ou extraites du milieu naturel sans pour cela prévoir des modifications coûteuses.

Mots clés : adsorption, alginate, argile, encapsulation, cuivre, 4-nitrophénol.

Abstract

The development of low cost and eco-friendly processes in water treatment has received a worldwide interest especially in South countries. Aim of this work was the development of environmentally friendly biopolymer (alginate) microbeads including clays (industrial or Mauritanian) or activated carbon for the adsorption of cationic species and organic compounds. One of the main result was the simultaneous adsorption of Cu(II) and 4-nitrophenol by the mixed microbeads; adsorption of the organic compound is attributed to the clay or the activated carbon while the alginate is a good adsorbent for the cationic species.
Additivity of the adsorption properties (alginate+clay or alginate+activated carbon) was observed when studying copper adsorption. In contrast the adsorption of nitrophenol by clays or activated carbon was diminished by the encapsulation. Nor the presence of 4-NP or copper influence the adsorption of the other pollutant except on clays or alginate/clays microbeads; in this case, adsorption of 4-NP is reduced by the presence of copper in the solution.
This work confirms the interest of using eco-friendly biopolymers microbeads encapsulating low-cost adsorbents for the treatment of effluents containing different classes of pollutants.

Keywords: adsorption, alginate, clay, encapsulation, copper, 4-nitrophenol.

Oui, je veux morebooks!

i want morebooks!

Buy your books fast and straightforward online - at one of world's fastest growing online book stores! Environmentally sound due to Print-on-Demand technologies.

Buy your books online at

www.get-morebooks.com

Achetez vos livres en ligne, vite et bien, sur l'une des librairies en ligne les plus performantes au monde!
En protégeant nos ressources et notre environnement grâce à l'impression à la demande.

La librairie en ligne pour acheter plus vite

www.morebooks.fr

VDM Verlagsservicegesellschaft mbH
Heinrich-Böcking-Str. 6-8　　Telefon: +49 681 3720 174　　info@vdm-vsg.de
D - 66121 Saarbrücken　　　Telefax: +49 681 3720 1749　　www.vdm-vsg.de

Printed by Books on Demand GmbH, Norderstedt / Germany